U0207331

中国的湖南山核桃

樊卫国 龙令炉 龙登楷 著

科学出版社

北京

内 容 简 介

本书系统介绍了作者二十多年来对中国的湖南山核桃 (*Carya hunanensis* Cheng) 的研究成果，论述了湖南山核桃野生资源利用及栽培历史，坚果及花的营养成分和开发利用价值，湖南山核桃的植物系统学地位与地理分布及生态适应性，优良种源特征特性，器官生长发育规律，根系分布与生长动态，花芽形态建成过程，果实生长发育规律，坚果中营养物质累积规律和开花结果习性；种子的萌发生理特性，光合生理特性，树干液流周年变化规律，干旱胁迫对树体养分含量及生理特性和产量品质的影响，高产林地土壤与树体养分特征，林地土壤及树体养分状况及其与果实产量及坚果品质的关系，营养诊断原理与技术，成花的营养基础，促进花芽分化的有效方法及种苗繁育与林地经营管理技术。研究成果可为湖南山核桃的资源培养与利用提供理论与技术参考。

本书可作为高等农林院校果树学和经济林学专业师生、农业和植物学等相关科研院所研究人员和工作人员的参考书。

图书在版编目(CIP)数据

中国的湖南山核桃 / 樊卫国，龙令炉，龙登楷著. — 北京：科学出版社，2018.7

ISBN 978-7-03-058090-0

Ⅰ. ①中… Ⅱ. ①樊… ②龙… ③龙… Ⅲ. ①山核桃-介绍-湖南 Ⅳ. ①S664.1

中国版本图书馆 CIP 数据核字 (2018) 第 134209 号

责任编辑：韩卫军 / 责任校对：唐静仪
责任印制：罗 科 / 封面设计：墨创文化

科学出版社 出版
北京东黄城根北街16号
邮政编码：100717
http://www.sciencep.com

四川煤田地质制图印刷厂印刷
科学出版社发行 各地新华书店经销

*

2018 年 7 月第 一 版 开本：787×1092 1/16
2018 年 7 月第一次印刷 印张：9 3/4
字数：230 千字
定价：128.00 元
（如有印装质量问题，我社负责调换）

前　　言

湖南山核桃(*Carya hunanensis* Cheng)是胡桃科(Juglandaceae)山核桃属(*Carya*)植物，原产中国西南的黔、湘、桂毗邻地区，是中国的特有经济树种，其坚果和木材有重要的经济利用价值，目前已在中国西南的黔、湘、桂等省、区进行大规模的栽培利用。近20年来，有关湖南山核桃的研究报道虽然已有一些，但缺乏深入系统的研究。本书对湖南山核桃进行系统和深入的研究，对促进这一中国特有树种的利用与产业开发具有重要的理论和指导意义。

本书是作者近20年来对湖南山核桃系统研究的总结。在研究工作中，先后得到贵州省林业科技攻关计划——贵州(黔东南)野生山核桃优良株系选择及繁殖、栽培技术研究(2002-2)和湖南山核桃丰产栽培技术研究(2007-06)、贵州省科技攻关计划——贵州野生山核桃优良种质的研究与开发利用(黔科合2003NGY010)、贵州省农业工程技术研究中心科技专项——贵州喀斯特山区特异果树种质资源发掘与利用(黔科合农 G 字[2009]4003)等项目的资助。

本书共分9章，第1章介绍湖南山核桃野生资源利用、栽培历史、坚果及花的营养成分和开发利用价值；第2章论述湖南山核桃的植物系统学地位与地理分布，介绍研究鉴选的优良湖南山核桃种源的特征特性；第3章是植物学特性与器官生长发育规律的研究，介绍湖南山核桃根系分布与生长动态、花芽形态分化过程、果实生长发育规律、坚果中脂肪和蛋白质等营养物质累积规律和开花结果习性；第4章论述湖南山核桃重要生理生态学特性的研究结果，包括种子萌发生理特性、光合生理与需光特性、周年的树干液流速率变化、干旱胁迫对树体养分含量及生理特性和产量品质的影响等；第5章是湖南山核桃高产林地土壤与树体养分特征的研究结果，介绍林地土壤、树体养分状况与果实产量、坚果品质的关系；第6章为湖南山核桃成花营养基础的研究论述，介绍对湖南山核桃进行环割处理以促进花芽分化的试验结果；第7章为湖南山核桃营养诊断，介绍研究构建的营养诊断技术体系；第8章和第9章分别为种苗繁育技术和湖南山核桃林地经营模式与管理技术。

本书第1章至第7章由樊卫国撰写，第8章和第9章由龙令炉、龙登楷和樊卫国共同撰写。

贵州大学樊卫国教授指导的研究生马文月和迟焕星在学位论文研究中取得的相关成

果为本专著撰写做出了重要贡献,贵州大学刘国琴副教授和宋勤飞讲师参与了研究前期的部分调查取样工作,锦屏县林业局的龙章庆、杨武其、王启勇同志参加了部分研究工作,贵州省林业厅原厅长张锦林、原总工程师官国培和总工程师聂朝俊、常青、胡勇同志为研究工作给予了支持和帮助,对此一并致谢!

限于作者的水平,本书尚有许多不足之处,敬请同仁批评指正。

作者

2017 年 10 月于贵阳

目　　录

第1章
中国的湖南山核桃及其利用价值

湖南山核桃(*Carya hunanensis* Cheng)是胡桃科(Juglandaceae)山核桃属(*Carya*)植物，是原产中国西南黔、湘、桂毗邻地区的特有果材兼用经济树种，资源利用的历史悠久。20世纪90年代以来，湖南山核桃在湖南、贵州等省开始进行大规模人工栽培与产业化开发。本章介绍对湖南山核桃开发利用价值的研究成果。湖南山核桃有重要的开发利用价值，其果仁中的油脂和蛋白质十分丰富，营养价值高，果仁中的脂肪主要由软脂酸、油酸、亚油酸、亚麻酸、花生四烯酸等多种不饱和脂肪酸组成，其中油酸的含量最高，占总脂肪酸的71.80%。果仁中的蛋白质由16种氨基酸组成，其中含有9种人体必需氨基酸。在每100g果仁中，蛋白质氨基酸的总含量为8.39g，必需氨基酸的含量为2.68g，其中赖氨酸、蛋氨酸和色氨酸3种限制性氨基酸的含量较高，必需氨基酸占总氨基酸的比例为31.94%，蛋白质的营养价值很高。湖南山核桃果仁中的维生素E和钙的含量也极为丰富。湖南山核桃树每年开放大量的雄花，在雄花中蛋白质、脂肪、铁、锌、多酚和黄酮的含量很高，雄花的天然多酚类活性物质对DPPH自由基的清除和抗氧化能力强。湖南山核桃适应性强，树体生长迅速，生产力高，木材坚硬，木纹细腻，干燥后不变形不翘裂；果实种仁油脂含量高，营养成分丰富，在生态建设、特色食品及工业用材林开发等方面利用价值较大。因此，大力推广湖南山核桃的种植，具有重要的生态意义和经济意义。

第1节　资源利用与栽培历史

一、野生资源利用

在中国的湘西、黔东南及桂北地区，自古以来，人们就将野生湖南山核桃作为食用坚果利用。至明末清初，在湖南靖州和贵州锦屏等地区，民间开始利用湖南山核桃坚果加工食用油，湖南山核桃油是食用油中的珍品。20世纪90年代以后，湖南、贵州、广西等湖南山核桃产区开始利用湖南山核桃加工休闲食品和食用油制品，随着产品加工对湖南山核桃坚果需求量的日益增大，湖南山核桃的人工种植面积迅速扩大。

湖南山核桃木材工业化加工利用起于20世纪90年代初。湖南山核桃的木材材质坚韧，木纹细腻通直，产区曾大量砍伐用于加工各种高级木制品，因此导致产地野生湖南山核桃资源一度遭受严重的破坏。

二、人工栽培历史

中国的湖南山核桃规模化人工种植时间较晚，20世纪90年代中期在湖南、贵州才开始大规模地人工栽培。截至2016年，中国西南地区的湖南山核桃人工栽培面积已经超过32万hm²。随着湖南山核桃人工栽培的面积不断扩大，逐渐形成了果用林、果材兼用林、果用生态林和果材兼用混交林等经营模式。进入21世纪以来，随着对优良种质、育苗及栽培技术研究的不断深入，湖南山核桃栽培的良种化程度和技术水平已经迅速提高。

第2节 湖南山核桃的开发利用价值

一、果仁的营养成分与利用价值

(一)果仁的营养成分

根据2003～2005年对贵州黔东地区的野生湖南山核桃坚果营养成分的分析测定，湖南山核桃果仁营养成分丰富。表1-1显示，在每100g湖南山核桃果仁中，脂肪、总糖、蛋白质、维生素E、维生素B_1的含量分别为56.57g、3.51g、8.18g、3.06mg和1.19mg，钙、铁、锌、铜、钼元素的含量分别为114.6mg、3.26mg、5.14mg、1.69mg和0.12mg。

表1-1 野生湖南山核桃果仁中的主要营养成分

营养成分	含量	营养成分	含量
脂肪/(g·100g⁻¹)	56.76	Ca (mg·100g⁻¹)	114.60
总糖/(g·100g⁻¹)	3.51	Fe (mg·100g⁻¹)	3.26
蛋白质/(g·100g⁻¹)	8.18	Zn (mg·100g⁻¹)	5.14
维生素E/(mg·100g⁻¹)	3.06	Cu (mg·100g⁻¹)	1.69
维生素B_1/(mg·100g⁻¹)	1.19	Mo (mg·100g⁻¹)	0.12

进一步的分析研究表明，野生湖南山核桃果仁的脂肪主要由软脂酸、油酸、亚油酸、亚麻酸、花生四烯酸5种脂肪酸组成(表1-2)。油酸、亚油酸、亚麻酸和花生四烯酸属于不饱和脂肪酸，其中油酸相对含量最高，达到71.80%，其次是亚油酸，相对含量为19.28%。

表1-2 湖南山核桃果仁中脂肪酸的组分及含量

脂肪酸组分	含量/%
软脂酸	6.41
油酸	71.80

脂肪酸组分	含量/%
亚油酸	19.28
亚麻酸	1.82
花生四烯酸	0.69

表 1-3 显示，果仁中的蛋白质由 16 种氨基酸组成，在每 100g 果仁中，蛋白质氨基酸的总含量为 8.39g。其中，亮氨酸、异亮氨酸、缬氨酸、赖氨酸、苏氨酸、蛋氨酸、苯丙氨酸、色氨酸和组氨酸等 9 种人体必需氨基酸均含有。在每 100g 果仁中，必需氨基酸为 2.68g，其中，赖氨酸、蛋氨酸和色氨酸 3 种限制性氨基酸的相对含量较高，分别为 0.47g、0.14g 和 0.15g，必需氨基酸占总氨基酸的比例为 31.94%。

表 1-3　湖南山核桃果仁中蛋白质氨基酸组分及含量

组分	含量 /(g·100g^{-1} DW)	组分	含量 /(g·100g^{-1} DW)
天冬氨酸	0.98	异亮氨酸*	0.31
苏氨酸*	0.32	亮氨酸*	0.28
丝氨酸	0.48	酪氨酸	0.24
谷氨酸	2.12	苯丙氨酸*	0.42
甘氨酸	0.53	组氨酸*	0.21
丙氨酸	0.30	赖氨酸*	0.47
缬氨酸*	0.38	色氨酸*	0.15
蛋氨酸*	0.14	精氨酸	1.06
必需氨基酸(EAA)含量(g·100g^{-1} DW)			2.68
总氨基酸(TAA)含量(g·100g^{-1} DW)			8.39
EAA /TAA / %			31.94

注：标注*的为人体必需氨基酸

食物的蛋白质营养价值高低主要取决于所含必需氨基酸的种类、数量和组成比例。将湖南山核桃果仁中的氨基酸组分与联合国粮食及农业组织(FAO)和世界卫生组织(WHO)推荐的评价蛋白质质量的必需氨基酸指标模式(范文洵等，1984)进行比较，计算出氨基酸的评分(AAS)值(表 1-4)。结果显示，湖南山核桃果仁的必需氨基酸中，异亮氨酸、苏氨酸、苯丙氨酸、赖氨酸和缬氨酸的含量与 FAO/WHO 的标准较为接近，氨基酸营养价值评分都在 70 分以上，色氨酸的含量超过了 FAO/WHO 的标准，评分达到 150 分，说明湖南山核桃果仁的蛋白质营养价值高。

表 1-4 湖南山核桃果仁中必需氨基酸与 FAO/WHO 推荐的理想必需氨基酸模式指标的比较

氨基酸种类	FAO/WHO标准/（mg·g⁻¹）	果仁中必需氨基酸含量/(mg·g⁻¹)	氨基酸评分（AAS）
异亮氨酸	40	31	77.50
苏氨酸	40	32	80.00
亮氨酸	70	28	40.00
苯丙氨酸	60	42	70.00
蛋氨酸	35	14	40.00
赖氨酸	55	47	85.45
缬氨酸	50	38	76.00
色氨酸	10	15	150.00

注：AAS=(待评蛋白质某种必需氨基酸含量 / 参考蛋白质模式中同种必需氨基酸含量)×100%（范文洵等，1984）

（二）果仁的利用价值

湖南山核桃果仁的出油率高，油脂含量丰富，其中油酸的含量最多，人体不能合成的亚油酸、亚麻酸和花生四烯酸在果仁中的含量也较高。前人的研究表明，油酸和亚油酸能够抑制小肠对胆固醇的吸收，促进胆固醇在肝脏内的降解；亚麻酸及其衍生物对大脑和视网膜有重要保健作用；亚油酸、亚麻酸和花生四烯酸在降血压、降血脂、抗血栓、防止动脉粥样硬化等方面具有重要作用(阮征等，2003)。湖南山核桃果仁的蛋白质丰富，其中赖氨酸、蛋氨酸和色氨酸等人体不能合成的限制性氨基酸含量较高，果仁中维生素 E 含量丰富，因此不仅适宜加工高级食用油和休闲食品，而且适宜加工多种功能食品及保健品，具有重要的开发利用价值。

二、花的营养成分与开发利用价值

（一）雄花的营养成分

湖南山核桃成年树每年都要形成大量雄花序。据对贵州锦屏地区湖南山核桃树雄花序产量的调查测定，在 20 年生成年树上，每年雄花序的鲜重生物量达到 2.83kg。在云南、贵州等少数民族地区，自古以来民间就有食用核桃和山核桃雄花的传统习惯，核桃雄花和山核桃雄花一直是云南、贵州等少数民族地区的美味食材。陈朝银等(1998)、Wang(2014)和张文娥(2016)等先后报道了云南和贵州的核桃雄花营养成分，认为核桃雄花中的营养较为丰富而全面，特别是蛋白质高达 18.87%～22.31%，同时含有丰富的矿质元素和天然抗氧化活性物质，是一种较好的天然营养保健食品资源。

为了给湖南山核桃雄花的利用提供科学依据，对湖南山核桃雄花的营养成分进行了分析测定。表 1-5 和表 1-6 显示，在湖南山核桃雄花中，蛋白质、脂肪、碳水化合物、糖、膳食纤维含量都较高，各种营养成分含量的比例也较为合理，Fe、Mn、Zn、Cu、B 等微量元素含量丰富，其中的蛋白质含量与核桃雄花的相当，每 100g 干雄花中的可利用能量仅有 397.37kcal（1cal=4.19J），比核桃雄花的低 87.42kcal，因此湖南山核桃雄花的碳水化合物及蛋白质含量丰富和脂肪、膳食纤维含量及可利用能量相对较低。

表 1-5　湖南山核桃雄花的营养成分及可利用能量

蛋白质	灰分	脂肪	碳水化合物	可溶性糖	可滴定酸	淀粉	膳食纤维	可利用能量
/(g·100g^{-1}DW)								/(kcal·100g^{-1}DW)
18.40	8.19	15.09	42.89	10.61	0.78	1.40	15.42	397.57

表 1-6　湖南山核桃雄花中的矿质元素含量

P	K	Ca	Mg	Fe	Mn	Cu	Zn	B
/(g·kg^{-1} DW)				/(mg·kg^{-1} DW)				
3.36	23.27	3.10	2.97	543.74	184.20	23.29	74.06	27.54

在湖南山核桃雄花中，Fe 的含量达到 543.74mg·kg^{-1} DW，比核桃雄花高 192.12mg·kg^{-1} DW，其他微量元素含量两者相当。说明湖南山核桃雄花中 Fe 的含量极其丰富。

表 1-7 显示，在湖南山核桃雄花中，共有 17 种蛋白质氨基酸，其中含有 9 种人体必需氨基酸以及赖氨酸、蛋氨酸和色氨酸 3 种限制性氨基酸。在 100g 干花中，氨基酸总量达到 9.60g，其中必需氨基酸为 4.60g，必需氨基酸占总氨基酸的比例为 47.92%，说明湖南山核桃雄花中蛋白质的营养价值很高。

表 1-7　湖南山核桃雄花的蛋白质氨基酸组分及含量

组分	含量/(g·100g^{-1}DW)	组分	含量/(g·100g^{-1}DW)
天冬氨酸	1.01	蛋氨酸*	0.05
苏氨酸*	0.48	异亮氨酸*	0.45
丝氨酸	0.67	亮氨酸*	0.83
谷氨酸	1.29	酪氨酸	0.34
甘氨酸	0.89	苯丙氨酸*	0.30
丙氨酸	0.73	组氨酸*	0.26
半胱氨酸	0.07	赖氨酸*	0.48
缬氨酸*	0.80	精氨酸	0.70
色氨酸*	0.25		
必需氨基酸（EAA）含量/(g·100g^{-1} DW)			4.60
总氨基酸（TAA）含量/(g·100g^{-1} DW)			9.60
EAA/TAA/%			47.92

注：有*标注的为人体必需氨基酸

在表 1-8 中将湖南山核桃雄花蛋白质中必需氨基酸含量与 FAO/WHO 推荐的评价蛋白质质量的必需氨基酸模式指标(范文洵等，1984)进行比较，从中可以看出，在 8 个必需氨基酸模式指标中，湖南山核桃雄花的蛋白质必需氨基酸含量有 5 个高于模式指标，它们的氨基酸质量评价分值(AAS)都超过 100 分，在 112.50～250 分，尤其是限制性氨基酸中的色氨酸含量高于模式指标 1.5 倍。与果仁的蛋白质比较，雄花的蛋白质含量高于果仁 1 倍以上，蛋白质营养价值比果仁更好。

表 1-8　湖南山核桃雄花中必需氨基酸与 FAO/WHO 推荐的理想必需氨基酸模式指标的比较

氨基酸种类	FAO/WHO 推荐的指标 /(mg·g^{-1})	雄花中必需氨基酸含量 /(mg·g^{-1})	氨基酸评分 (AAS)
异亮氨酸	40	45	112.50
苏氨酸	40	48	120.00
亮氨酸	70	83	118.57
苯丙氨酸	60	30	50.00
蛋氨酸	35	5	14.29
赖氨酸	55	48	87.27
缬氨酸	50	80	160.00
色氨酸	10	25	250.00

注：AAS=(待评蛋白质某种必需氨基酸含量 / 参考蛋白质模式指标中同种必需氨基酸含量)×100%(范文洵等，1984)

湖南山核桃雄花中还含有多种生物活性物质。为了探究生物活性物质在雄花中的含量及抗氧化能力强弱，我们收集贵州锦屏地区的湖南山核桃雄花，分别采用福林-肖卡比色法(Conde-Hernández et al.，2014)和硝酸铝比色法(Feng et al.，2014)对总酚和总黄酮含量进行测定，并参照 Motamed 等(2010)和 Benzie 等(1999)的方法，测定雄花中抗氧化物质对 DPPH 自由基的清除活力和对氧化型铁离子的还原能力。结果显示(表 1-9)，湖南山核桃雄花中总酚和总黄酮含量分别为 3.35g·100g^{-1} DW 和 2.04g·100g^{-1} DW，DPPH 自由基清除活力为 84.29%，对氧化型铁离子的还原力为 3.10mmol·100g^{-1} DW，表明湖南山核桃雄花中的天然多酚类活性物质对 DPPH 自由基的清除活力强，具有较强的抗氧化作用。

表 1-9　湖南山核桃雄花生物活性物质含量及抗氧化活性

总酚/(g·100g^{-1} DW)	总黄酮/(g·100g^{-1} DW)	DPPH 自由基清除活力/%	氧化型三价铁离子还原能力/(mmol·100g^{-1} DW)
3.35	2.04	84.29	3.10

(二)雄花的开发利用价值

湖南山核桃的雄花有重要的食品开发利用价值。湖南山核桃的雄花产量大，容易采收，资源丰富，新鲜的雄花可以直接作为美味烹饪食材，干制的雄花容易保存，不仅可将其作为蛋白质营养源进行特色食品开发利用，也可以提取其中的多酚活性物质进行功能性保健品的开发利用。

三、坚果壳的开发利用价值

湖南山核桃的坚果壳占整个坚果的比例约为 50%，坚果壳坚硬、致密、厚重，是加工高级活性炭的宝贵原材料，用湖南山核桃的坚果壳加工的活性炭具有耐磨强度好、空隙发达、吸附性强、易再生、经济耐用等特点，吸附各种微量或超微量的目标成分物质的效果极好，因此利用湖南山核桃坚果壳加工的活性炭在化工、食品、医药、黄金冶炼、印染纺织、军事等领域有广泛的价值，在人民生活中的空气和水质净化中的利用前景广阔，在液相吸附和气相吸附等方面也有特殊的用途。

四、优质木材的开发与利用

湖南山核桃树干干性强，速生丰产。据贵州黔东南州锦屏县林业局测定，在 1 亩林地上（1 亩≈666.7m²），10 年、20 年和 30 年生的湖南山核桃林木材蓄积量可分别达到 2.80m³、8.11m³ 和 17.92m³，每亩林地的出材量分别达到 1.54m³、4.46m³ 和 9.86m³（表 1-10）。

表 1-10　不同树龄湖南山核桃林木材蓄积量

树龄/年	栽植密度/(株/亩)	平均胸径/cm	平均树高/m	木材蓄积量/m³	出材率/%	亩出材量/m³
10	33	14.80	8.12	2.80	55	1.54
20	33	20.51	15.06	8.11	55	4.46
30	33	33.13	12.50	17.92	55	9.86

注：因冬季雪凝压梢易折，30 年生树树高降低

湖南山核桃树干通直，木质坚硬，木纹细腻，干燥后不变形不翘裂，其较大的圆木是制造高档胡桃木家具的优质木材，较小的茎材也是制作多种生活用品、用具及木饰工艺品的极好材料。长期以来，我国 60% 以上的胡桃木材从国外进口，湖南山核桃木材一直是紧缺商品用材，市场的需求量极大，每立方米价格是杉木的 20 倍以上。因此，营造湖南山核桃林能够产生很高的经济效益。

五、发展湖南山核桃产业对扶贫及生态建设的意义

目前产区的湖南山核桃坚果多用于加工休闲食品和高级食用油，坚果的产地售价多年来一直维持在 10 元/kg 左右。湖南山核桃的果实产量高，嫁接苗种植 4 年后可投产，实生苗种植 6～8 年后可以投产，20 年生以上盛果期成年树的单株坚果产量一般可达 100kg 以上，单株产值可达 1000 元左右。因此，发展果用湖南山核桃产业能够显著增加贫困地区农民的经济收入，对帮助边远贫困地区的农民脱贫有重要的作用。

湖南山核桃适应性和耐瘠性强，根系发达，固土性强，树冠高大，树姿优美，是水土保持及绿化荒山和城市园林的优良树种。将湖南山核桃作为生态建设的树种利用，能够产生很好的生态效益和经济效益。

参 考 文 献

陈朝银, 赵声兰, 曹建新, 1998. 核桃花食用价值的研究与分析[J].食品科学, 19(12): 35—37.

樊卫国, 安华明, 龙令炉, 等, 2007. 野生湖南山核桃的营养成分研究[J]. 中国野生植物资源, 26(5): 64—65.

范文洵, 李泽英, 赵熙和, 1984. 蛋白质食物的营养评价[M]. 北京: 人民出版社.

阮征, 吴谋成, 胡筱波, 2003. 多不饱和脂肪酸的研究进展[J] .中国油脂, 28:55—59.

Benzie I F, Chung W Y, Strain J J, 1999. "Antioxidant" (reducing) efficiency of ascorbate in plasma is not affected by concentration[J]. The Journal of Nutritional Biochemistry, 10(3): 146—150.

Conde-Hernández L A, Guerrero-Beltrán J Á, 2014. Total phenolics and antioxidant activity of *Piper auritum* and *Porophyllum ruderale* [J]. Food Chemistry, 142: 455—460.

Feng S, Luo Z S, Zhang Y B, 2014. phytochemical contents and antioxidant capacities of different parts of two sugarcane (*Saccharum officinarum* L.) cultivars [J]. Food Chemistry, 151: 452—458.

Motamed S M, Naghibi F, 2010. Antioxidant activity of some edible plants of the Turkmen Sahra region in northern Iran[J]. Food Chemistry, 119: 1637—1642.

Wang C L, Zhang W E, Pan X J, 2014. Nutritional quality of the walnut male inflorescences at four flowering stages[J]. Journal of Food and Nutrition Research, 2(8): 457—464.

第 2 章
湖南山核桃的植物系统学地位与地理分布及优良种源

迄今，有关中国的野生湖南山核桃资源分布、立地生态环境及其相互关系和湖南山核桃的优良种源尚无系统的研究报道。本章介绍多年对中国野生湖南山核桃资源及分布区生态环境的调查研究结果，探究和论述分布区的气候、成土母质、土壤类型及植被构成等立地生态环境与野生湖南山核桃资源分布、生长及产量状况的相互关系，划分中国野生湖南山核桃的核心分布区，同时介绍鉴选出的优良湖南山核桃种质资源的特征特性。这些研究结果对确定湖南山核桃的生态适应性、制定产业基地区域规划、建立湖南山核桃的栽培技术体系和构建湖南山核桃的核心种质资源都具有重要的科学意义和价值。

第 1 节　植物系统学地位与地理分布

一、植物系统学地位

胡桃科（Juglandaceae）山核桃属（*Carya* Nutt.）植物在全世界有 18 种 2 亚种（黄坚钦等，2003；艾呈祥 等，2006），主要分布于北美洲东部和亚洲东南部，中国有 5 种，分别是湖南山核桃（*C. hunanensis*）、云南山核桃（*C. tonkinensis*）、贵州山核桃（*C. kweichowensis*）、山核桃（*C. cathayensis*）、大别山山核桃（*C. dabieshanensis*），引种栽培 1 种，为薄壳山核桃（*C. illinoensis*），又称美国山核桃。

确定湖南山核桃与山核桃及近缘属植物种间的亲缘关系，对于山核桃属植物遗传改良及砧木发掘利用具有重要的意义。黄坚钦等（2003）用随机引物扩增多态性 DNA 技术分析了中国现有山核桃（*C. cathayensis*）、湖南山核桃（*C. hunanensis*）、贵州山核桃（*C. kweichowensis*）、云南山核桃（*C. tonkinensis*）、大别山山核桃（*C. dabieshanensis*）、薄壳山核桃（*C. illinoensis*）及近缘属化香（*Platycarya strobilacea*）植物的种间亲缘关系，从分子水平的角度证明了山核桃和湖南山核桃遗传距离最小，二者亲缘关系最近；湖南山核桃与薄壳山核桃的遗传距离最大，二者亲缘关系最远；大别山山核桃与山核桃、湖南山核桃的遗传距离和亲缘关系较近，而薄壳山核桃与山核桃属其他 5 个种间的遗传距离及亲缘关系较远；近缘属种化香（*P. strobilacea*）与山核桃属 6 个种之间的遗传距离和亲缘关系更远。这一研究结果为上述 7 个种的种间杂交及嫁接砧木的选用提供了重要的科学依据。

二、中国野生湖南山核桃的地理分布

(一)地理区域的水平分布

野生湖南山核桃在中国的分布区域狭窄，范围较小。据调查，野生湖南山核桃主要分布在湖南湘西和贵州黔东南及广西桂北地区，在贵州荔波、三都、雷山、剑河、三穗一线以东，广西融安、三江、龙胜及湖南城步、绥宁一线以西，湖南新晃、芷江、洪江一线以南，广西环江、罗城、融水一线以北是中国野生湖南山核桃的集中分布区。在集中分布区中，贵州锦屏、黎平、榕江、从江、雷山、天柱和湖南靖州、通道、会同及广西三江共10个县海拔350~850m的地区是中国野生湖南山核桃核心分布区。在核心分布区内，野生湖南山核桃分布密集，数量大，高龄古树多。在很多天然林地中，湖南山核桃均是林地的优势树种。调查发现，在集中分布区以外野生湖南山核桃分布较少。

野生湖南山核桃的分布区域狭窄与其种子的顽拗性有密切关系。具有顽拗性的种子不耐失水，种子一旦失水后发芽力就会丧失。我们的研究结果表明，湖南山核桃种子具有明显的顽拗性，因此很难在自然条件下进行远距离传播繁衍后代，从而限制了湖南山核桃野生种群的地域。

(二)地理区域的垂直分布

在野生湖南山核桃的自然分布区中，最低海拔为 165m(贵州黎平)，最高海拔1220m(贵州雷山桃江)，集中分布区的海拔在 165~900m。海拔及气候条件对野生湖南山核桃的自然分布有重要影响，以贵州黔东地区为例，雷公山是该地区最大最高的山脉，覆盖雷山、榕江、剑河及台江 4 个县，最高峰海拔为 2178.8m，南麓的气温明显高于北麓，在雷公山南麓地区野生湖南山核桃分布的海拔上限达到 1220m，而在雷公山北麓分布的海拔上限仅为 915m，由此可见温度对野生湖南山核桃的分布有重要的影响，在年平均温度低于 14℃的高海拔地区野生湖南山核桃分布较少。

三、野生资源核心分布区的主要自然生态环境

各种植物分布核心区的自然生态条件与这些植物的生态适应性密切相关，其区域内的气候、土壤等生态环境是这些植物良好生长发育所要求的最适条件。调查整理野生湖南山核桃核心分布区的海拔、气候、土壤、植被构成等生态环境指标，有助于确定湖南山核桃的生态适应性，对于湖南山核桃生态适宜区的划分、人工种植基地的规划和栽培理论与技术体系建立都有重要的科学指导意义。

(一)核心分布区的海拔

海拔及气候条件是影响湖南山核桃分布和产量的重要因素。在黔、湘、桂毗邻的野生

湖南山核桃核心分布区，海拔为 220～830m，在这一海拔内，野生湖南山核桃种群分布密度大，植株生长良好。

(二)核心分布区的气候特征

表 2-1 是湖南山核桃主要核心分布区的气候指标。从中可以看出，在主要核心分布区中，各地的气候具有典型的亚热带气候特征，年均气温为 15.4～18.1℃，年降水量为 1211～1480mm，无霜期为 260～310d，年日照数为 1086.3～1462.7h。上述气候指标对于湖南山核桃栽培的气候生态适宜区的确定、类似生态区的引种栽培及产业基地的建立具有重要的科学指导意义和参考价值。

表 2-1　湖南山核桃核心分布区的气候条件

分布地	年平均气温/℃	全年无霜期/d	年日照时数/h	年降水量/mm
贵州锦屏	16.4	310	1086.3	1327
贵州黎平	15.6	279	1317.9	1234
贵州天柱	16.1	281	1150.9	1280
贵州雷山	15.4	260	1225.3	1336
贵州榕江	18.1	310	1312.6	1211
湖南靖州	16.7	290	1384.7	1371
湖南会同	16.6	303	1462.7	1250
湖南通道	16.3	298	1400.3	1480

(三)核心分布区的成土母质与土壤

据调查，湖南山核桃核心分布区的成土母质主要有砂岩、页岩、石灰岩、白云岩和第四纪红色黏土等。土壤类型主要有砂岩、页岩和第四纪红色黏土发育的酸性或微酸性红黄壤和黄壤、紫色页岩发育的微酸性紫色土、石灰岩发育的中性或微碱性黑色石灰土和黄色石灰土及白云岩发育的棕色石灰土等，其中酸性或微酸性红黄壤和黄壤居多。

湖南山核桃在不同土壤上的生长与结果状况有较大的差异。侯红波等(2004)报道了湖南靖州地区湖南山核桃主要分布地成土母质及土壤类型对其生长及产量的影响，认为黄壤是最适宜湖南山核桃生长的土壤，其次是红黄壤，土层厚度大于 60cm 才能保证湖南山核桃正常生长结果。我们对贵州锦屏、黎平两县共 13 个不同海拔、不同成土母质及土壤类型的林地进行调查的结果显示(表 2-2)，野生湖南山核桃对土壤的适应性较广，在红黄壤、黄壤、黑色石灰土、棕色石灰土等土壤上均能生长结果，但土壤 pH 过低的林地湖南山核桃结果不良。

表 2-2　贵州黔东地区野生湖南山核桃集中分布地成土母岩
及土壤类型、pH 与树体生长及产量情况

分布地点及样点	海拔/m	成土母质	土壤类型	pH	土层厚度/cm	株产量/(kg/株)	树势状况
锦屏三江 1	390	白云岩	棕色石灰土	7.12	45～55	21.8	树势较弱
锦屏三江 2	490	石灰岩	石灰性黄壤	7.16	50～65	40.1	树势中庸
锦屏三江 3	585	石灰岩	石灰性黄壤	7.07	≥100	58.4	树势强健
锦屏三江 4	678	石灰岩	黑色石灰土	7.23	≥100	51.5	树势强健
锦屏三江 5	795	石灰岩	石灰性黄壤	7.09	60～75	46.2	树势强健
锦屏铜鼓 1	380	砂页岩	黄壤	4.46	≥100	34.1	树势较弱
锦屏铜鼓 2	470	砂页岩	黄壤	4.34	≥100	35.4	树势较弱
锦屏铜鼓 3	597	砂页岩	黄壤	5.12	≥100	52.7	树势强健
锦屏铜鼓 4	710	砂页岩	黄壤	5.34	≥100	56.3	树势强健
锦屏铜鼓 5	795	砂页岩	黄壤	5.31	45～50	28.5	树势弱
黎平富家螃	430	第四纪红色黏土	红黄壤	5.13	≥100	58.7	树势强健
黎平洪家庄	580	第四纪红色黏土	红黄壤	5.38	≥100	61.4	树势强健
黎平梭冲坳	690	白云岩	棕色石灰土	7.10	75～90	53.8	树势强健

注：每个样点选 12 株 40～50 年生树测定

调查发现，野生湖南山核桃在不同类型土壤上生长势及产量的差异与成土母质、土壤肥力状况和土层厚度有关。在砂页岩发育的黄壤上，土壤 pH 低于 5 以下的，尽管土层厚度达到 100cm 以上，但树体生长势均较弱，产量低。说明土壤 pH 过低对湖南山核桃的生长及结果有不利影响，这种情况可能与 pH 过低降低土壤有效养分含量有关。在 pH 为 5.12～5.34 的黄壤上，土层厚度大于 100cm 以上的树体生长势强健，产量高，而土层厚度仅仅在 45～50cm 的树势弱，产量低。在中性或微碱性棕色石灰土、黄色石灰土及黑色石灰土上，土层深厚的树势强健，产量高。由此可见，湖南山核桃对土壤 pH 的要求在微酸性至微碱性之间，对土层厚度的要求至少要大于 60cm。

在调查中还发现，野生湖南山核桃主要集中分布在低山、低中山和丘陵地带，在有冲积土堆积及土层深厚的地区，湖南山核桃树生长健壮而高大，结果多，产量高，说明湖南山核桃良好的生长和高产要求有良好的土壤肥水条件保证。

(四)核心分布区的植被构成

野生湖南山核桃为高大乔木，大多分布于针叶、阔叶混交林地中，立地生境的植被构成十分复杂。对贵州锦屏野生湖南山核桃集中分布区生境调查的结果表明，林地伴生植物种类主要有马尾松（*Pinus massoniana*）、杉木（*Cunninghamia lanceolata*）、樟树（*Cinnamomum camphora*）、板栗（*Castanea mollissima*）、青冈（*Cyclobalanopsis glauca*）、光叶水青冈（*Fagus lucida*）、水青冈（*Fagus longipetiolata*）、钝叶水丝梨（*Sycopsis tutcheri*）、麻栎(*Quercus acutissima*)、任木(*Zenia insignis*)、香果树(*Emmenopterys henryi*)、刺楸(*Kalopanax septemlobus*)、八角枫(*Alangium chinense*)、枫香树(*Liquidambar formosana*)、楠木(*Phoebe zhennan*)、大叶榉木(*Zelkova schneideriana*)、南酸枣(*Choerospondias axillaris*)、喙核桃(*Annamocarya sinensis*)、油茶(*Camellia oleifera*)、杨梅(*Myrica rubra*)、毛杨梅(*Myrica esculenta*)、木姜子(*Litsea cubeba*)、乌柿(*Diospyos cathayensis*)、君迁子(*Diospyros lotus*)、盐肤木(*Rhus chinensis*)、女贞(*Ligustrun lucidum*)、山樱花(*Cerasus serrulata*)、圆果化香(*Platyearya longipes*)、茅栗(*Castanea seguinii*)、锥栗(*Castanea henryi*)、杜鹃(*Rhododendron simsii*)、金樱子(*Rosa laevigata*)、葛藟葡萄(*Vitis flexuosa*)、毛葡萄(*Vitis heyneana*)、董氏葡萄(*Vitis thunbergii*)、中华猕猴桃(*Actinidia chinensis*)、美味猕猴桃(*Actinidia deliciosa*)、阔叶猕猴桃(*Actinidia latifolia*)、黄毛猕猴桃(*Actinidia fulvicoma*)、绵毛猕猴桃(*Actinidia fulvicoma* Hance var. *lanata*)、毛花猕猴桃(*Actinidia eriantha*)、龟甲竹(*Phyllostachys heterocycla*)、箭竹(*Fargesia spathacea*)、慈竹(*Neosinocalamus affinis*)、苦竹(*Pleioblastus amarus*)等。伴生草本植物主要有黄茅(*Heteropogon contortus*)、五节芒(*Miscanthus floridulus*)、艾纳香(*Blumea balsamifera*)、艾(*Artemisia argyi*)、黄花蒿(*Artemisia annua*)、铁角蕨(*Asplenium trichomanes*)、凤尾蕨(*Pteris cretica* L. var. *nervosa*)、铁芒萁(*Dicranopteris cinearis*)等。

在调查中发现，在针叶、阔叶混交林地中的野生湖南山核桃树体生长高大，结果良好，病虫害少。在人为干预情况下，湖南山核桃林地伴生的针叶、阔叶乔灌树种一旦消失，尽管湖南山核桃演替为植被群落中的优势树种，但病虫害发生逐渐加重，其生长及结果逐渐衰退，林地退化速度加快。这种情况给人们提供了一个启示，即在湖南山核桃人工造林栽培和林地经营过程中，应该考虑伴生树种的多样性对保持湖南山核桃立地生态系统稳定性的作用，通过生态平衡对有害生物进行自然调控，同时建立起有利于土壤养分循环的生态系统，这有助于促进湖南山核桃种植基地健康发展和节本增效。

四、湖南山核桃的栽培分布

中国的湖南山核桃人工栽培区域范围不大，主要分布在贵州的黔东南州和黔南州、湖南的邵阳市和怀化市、广西壮族自治区的河池市和柳州市，其中贵州黔东南州和湖南邵阳市是中国湖南山核桃人工栽培最集中的产地。除此之外，中国的浙江、江西、福建等省也有少量的人工种植。

第 2 节　湖南山核桃的优良种源

一、湖南山核桃优良种源的鉴选

开展优良湖南山核桃种质资源的发掘、收集、整理和鉴选，对于优良种质的繁殖利用和加快种植基地建设的良种化有重要意义，然而这方面的工作一直相当薄弱。为了鉴选出优良的湖南山核桃种源供生产利用，从 2004 年以来，我们在调查的基础上，制定出湖南山核桃优良种源的鉴选标准(表 2-3)，根据这一鉴选标准在贵州黔东南地区开展湖南山核桃优良种源的鉴选。通过调查取样测定确定优良候选单株，再通过连续 3 年对候选单株结果情况的观察和产量、品质的测定，鉴选出一批良种源。

表 2-3   湖南山核桃优良种源单株鉴定及选择标准

指标类别	指标要求
立地土壤条件	肥力中等，土层厚度不低于 100cm
树龄	大于 15 年
树体生长状况	树干挺直，树冠完整
单株丰产及稳产性	连续 3 年以上单株坚果产量差异小于 15 %，单株产量大于 40kg
坚果壳厚及单粒重	坚果壳厚小于 1.5mm，单粒干重大于 6.0g
坚果出仁率	出仁率不低于 38%，高于普通种源 5%
病虫害	树干及主枝无严重蛀干虫害损伤

二、主要优良种源及特性

(一)锦山优 1 号

母株(图 2-1)生长于贵州锦屏县敦寨镇竹山坪村云亮坡，立地海拔 570m，成土母质为砂页岩，土壤为酸性黄壤，土壤肥力中等。实生树，树体生长健壮，直立，树高 18.5m，胸径 54cm，树冠冠幅 11.5m，树龄约 60 年；雌、雄花同时开放，雄花序较短，高产稳产，连续 3 年单株坚果平均产量 158.6kg。白露后果实成熟，总苞大，坚果饱满，瘪籽率低，坚果单粒重 7.2g，壳厚度 1.2mm，出仁率 42.3%，种仁含油量高，香味浓，品质优。

(二)锦山优 2 号

母株(图 2-2)生长于贵州锦屏县铜鼓镇嫩寨村牛丫冲，立地海拔 450m，成土母质为砂岩，土壤为微酸性黄壤，立地土层深厚，土壤较肥沃。实生树，树势健壮，主干挺直，树冠圆头形，中上冠层较开张，主枝发生过自然更新，树高 21m，胸径 93cm，树冠冠幅 18.5m，树龄约 90 年。植株雌花比雄花先开 2～3d，短枝连续结果能力强，高产稳产，连续 3 年的单株坚果平均产量 191.2kg；坚果饱满，瘪籽率低，单粒重 6.8g，果壳厚度 1.1mm，出仁率 43.8%，品质优。

(三)锦山优 3 号

母株(图 2-3)生长于贵州锦屏县三江镇乌坡村路边，立地海拔 340m，成土母质为砂页岩，土壤为微酸性黄壤，立地土层深厚。实生树，生长较旺盛，树高约 16m，主干光度明显比其他植株的长。高产稳产，白露后 10d 左右果实成熟，连续 3 年单株平均产量 42.6kg；总苞大，坚果饱满粒大，瘪籽率低，坚果单粒重 7.4g，壳厚度 1.3mm，出仁率 41.6%，品质优。

（四）榕山优 1 号

母株(图 2-4)生长于贵州榕江县忠诚镇寨蒿河边。立地海拔 460m，成土母质为灰岩，土壤为微酸性棕壤，土层深厚，较肥沃。实生树，树龄约 18 年，生长健壮，树高 10.8m，胸径 22cm，冠幅 9.5m。短枝连续结果能力强，穗状结果枝较多，高产稳产，连续 3 年单株坚果平均产量 52.9kg；白露后 1 周果实成熟，总苞大，坚果饱满，瘪籽率低，单粒重 7.6g，坚果壳厚 1.3mm，出仁率高达 44.1%，种仁肥厚，含油量高，香味浓，品质佳。

图 2-1　'锦山优 1 号'优良种源母株

图 2-2　'锦山优 2 号'优良种源母株

图 2-3　'锦山优 3 号'优良种源母株

图 2-4　'榕山优 1 号'优良种源母株

图 2-5 '锦山优 4 号'优良种源母株

图 2-6   '锦山优 5 号'优良种源母株

图 2-7   '锦山优 6 号'优良种源母株

图 2-8   '锦山优 7 号'优良种源母株

(五)锦山优 4 号

母株(图 2-5)生长于贵州锦屏县新化乡密寨村观音洞。立地海拔 420m,成土母质为砂岩,土壤为微酸性黄壤,立地土层深厚,土壤较肥沃。实生树,主干粗壮,树势健壮,主枝发生过自然更新,树冠圆头形,树高 26m,胸径 56cm,冠幅 27m,树龄约 90 年。雌雄花同时开放,短枝连续结果能力强,高产稳产,连续 3 年单株坚果年平均产量 187.5kg,白露后 10d 左右果实成熟。总苞较大,坚果饱满,瘪籽率低,单粒重 6.7g,坚果壳厚 1.2mm,出仁率 43.9%,种仁含油量高,香味浓,品质佳。

(六)锦山优 5 号

母株(图 2-6)生长于贵州锦屏县钟灵乡干冲村坝板坡。立地海拔 520m,成土母质砂页岩,土壤为微酸性黄壤,立地土层深厚,土壤肥力中等。实生树,树势健壮,树高 26m,胸径 62cm,冠幅 16.3m,树冠近圆头形,树龄约 70 年。雌雄花同时开放,高产稳产,连续 3 年单株坚果年平均产量 158.2kg。白露后 10d 左右果实成熟。总苞大,坚果饱满,瘪籽率低，坚果单粒重 7.0g，坚果壳厚 0.12mm，出仁率高，达 44.7%，种仁含油量高，香味浓，品质佳。

(七)锦山优 6 号

母株(图 2-7)生长于贵州锦屏县敦寨镇平江村管寨。立地海拔 420m，成土母质为砂岩，微酸性黄壤，土层深厚，伴生植被乔木树种为杉木(*Cunninghamia lanceolata*)和枫香树(*Liquidambar formosana*)，土壤表层有机质丰富。实生树，树势强健，主干粗壮，2m 左右分枝，树冠近圆形，树冠上大枝发生过多次自然更新，树高 27m，胸径 140cm，树龄约 120 年。雄花序较短，雌雄花同时开放。高产稳产，连续 3 年单株坚果平均年产量 220.5kg。总苞稍小，坚果果形短椭圆形，单粒重 6.8g，坚果壳较薄，厚度 1.0mm 左右，出仁率 42.8%，种仁含油量高，香味浓，品质极佳。

(八)锦山优 7 号

母株(图 2-8)生长于贵州锦屏县新化乡新化寨村梭冲。立地海拔 430m，成土母质为砂岩，微酸性黄壤，土层深厚，土壤肥力中等。实生树，树势中等，树冠近圆形，树冠上大枝发生过多次自然更新，树高 22m，冠幅 13.5m，胸径 85cm，树龄约 100 年。雄花序粗壮较短，雌雄花同时开放，短枝连续结果能力强。白露后果实成熟。高产稳产，连续 3 年单株坚果平均年产量 125.2kg。总苞稍小，坚果短椭圆形，单粒重 6.6g，坚果壳厚 1.3mm，出仁率 41.5%，种仁含油量高，味清香，品质佳。

参 考 文 献

艾呈祥, 李翠学, 陈相艳, 等, 2006. 我国山核桃属植物资源[J]. 落叶果树, 15 (4): 23—24.

黄坚钦, 章滨森, 王正加, 等, 2003. 中国山核桃属植物种间亲缘关系 RAPD 分析[J]. 西南林学院学报, 34(4):1—4.

侯红波, 颜正良, 潘晓杰, 等, 2004. 立地条件对湖南山核桃产量与胸径的影响[J]. 经济林研究, 22(2): 49—50.

杨承荣, 杨正怀, 严明先, 等, 2012. 湖南山核桃幼林经营技术研究[J]. 现代农业科技, 1:206—207.

第3章
植物学特性与器官生长发育规律

  树种的植物学形态特征和器官生长发育规律是遗传特性的重要表征，也是栽培理论与技术体系建立的重要科学依据。有关湖南山核桃植物学形态特征在过去的文献中已有描述，但器官的生长发育规律及其与生态环境的关系尚无系统深入的观察和研究报道。本章在多年对湖南山核桃器官生长发育规律进行观察的基础上，探究了湖南山核桃根系在不同土壤条件下的分布状态，年周期中根系的生长动态，花芽形态建成的起止时期，果实的生长发育和在这一过程中坚果内的脂肪及蛋白质等营养物质的累积规律，开花结果习性，确定了湖南山核桃根系生长的生物学起点温度为 7℃，最适生长的土壤温度为 25～28℃，新梢旺盛生长期在 4 月中旬至 5 月中旬。湖南山核桃属于雌雄同株异花授粉的树种，具有自花授粉结实特性。雄花芽具有跨年分化的特性，其形态分化时期是 6 月至 7 月和次年 2 月至 4 月；雌花芽具有当年春季分化的特性，其形态分化时期为早春的 2 月中下旬至 4 月下旬。7 月初至 8 月中旬是果实迅速生长期，从 7 月下旬开始，湖南山核桃坚果的种仁(子叶)中脂肪及蛋白质开始积累，8 月上中旬为积累高峰期，9 月上旬后种仁中脂肪和蛋白质含量增加较少。这些研究结果对湖南山核桃栽培技术体系的建立和器官发育调控提供了重要的生物学理论依据。

第 1 节　湖南山核桃植物学特性

一、根　　系

(一)根 系 类 型

  湖南山核桃属于深根性树种，根系为典型的直根系，主根发达，侧根粗壮，须根细小，数量多，成年树根系极其庞大。我们提取湖南山核桃实生苗根冠区的细胞原生质进行菌根菌培养，证实了湖南山核桃属于内生菌根植物。

  湖南山核桃在幼龄阶段很快形成发达的根系。图 3-1 是湖南山核桃 1 年生实生苗的根系发育状态，整个根系构型具有典型的直根系特征，表现为主根明显而粗壮，一级侧根和二级侧根发育很好。据测定，湖南山核桃 1 年生实生苗的鲜重根冠比能够达到 0.83∶1，大于其他多数经济树种。

图 3-1　湖南山核桃 1 年生实生苗的根系构型

(二)吸 收 根

木本植物的须根都具有吸收功能,但对于不同直径的须根和不同部位的须根段,其吸收功能的大小是有差异的。我们分别取湖南山核桃幼苗不同直径的须根和不同部位的根段,置于无氮和无磷的 Hoagland and Arnon 营养液中进行 72h 的饥饿处理后,再将其置于分别含有 NO_3^- 和 HPO_3^{2-} 的 Hoagland and Arnon 营养液中,12h 后测定营养液中剩余的 NO_3^- 和 HPO_3^{2-} 浓度,用剩余离子浓度的大小判断其吸收量的差异,以此确定不同直径的须根和不同部位根段的吸收功能。研究结果发现对氮、磷元素吸收能力最强的是直径为 1～1.5mm 的须根,在根冠区之后 5～8cm 的生长根段,对氮、磷元素的吸收能力最强。因此,湖南山核桃主要依靠须根的生长根区吸收养分。

(三)根系在土壤中的空间分布

根系在土壤中的空间分布是树种的重要生物学特性,也是根系构型的重要表征。湖南山核桃根系的空间分布受树龄、土壤类型与质地、土层厚度、地形地貌等因素的影响很大,了解根系在土壤中的空间分布特点,对于湖南山核桃栽培及施肥管理具有重要的指导意义。

在贵州榕江郎洞地区,采用挖掘取根法,对砂页岩发育的微酸性黄壤上 18 年生湖南山核桃实生树的根系空间分布进行调查测定。在测定过程中，按图 3-2 示意的水平区域，在距离树干以外确定 50～150cm、150～250cm、250～350cm 和 350～450cm 的 4 个树冠投影水平区域范围，从树冠的东、南、西、北 4 个方位，对 4 个水平区域 0～15cm、15～30cm、30～45cm、45～60cm、60～75cm、75～90cm 和 90～105cm 的 7 个土层深度进行 15° 的扇面挖掘，分别收集树根进行称重，同时收集直径小于 1.5mm 的吸收根分别进行称重，最后计算不同水平区域和不同土层深度的每立方米土壤中根的质量(g)和吸收根质量(g)，以每立方米土壤中根的质量和吸收根质量分别表示不同区域土层范围内根的质量密度 (g·m⁻³) 和吸收根的质量密度 (g·m⁻³)。

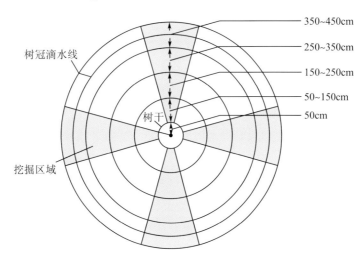

图 3-2　湖南山核桃根系空间分布调查取样示意图

1. 根系的空间分布

图 3-3～图 3-6 显示的是在不同土层深厚条件下湖南山核桃根系的密度。从图中可以看出，湖南山核桃的根系在土壤中分布深而广，根系的垂直分布超过 105cm，水平分布在树冠半径的 1.5 倍以上。距离主干越近，粗大的骨干根密度越大，吸收根的密度越小，距离主干越远，粗大的骨干根密度越小，吸收根的密度越大。湖南山核桃的根系在土层中的分布主要集中在 15～60cm 的空间。

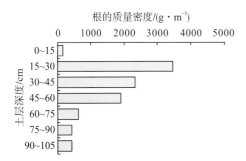

图 3-3　距树干 50～150cm 水平范围内不同
土层根的质量密度

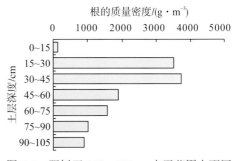

图 3-4　距树干 150～250cm 水平范围内不同
土层根的质量密度

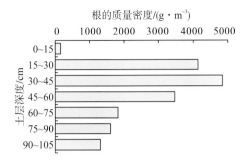

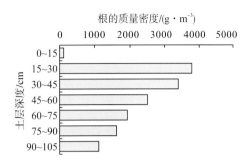

图 3-5　距树干 250～350cm 水平范围内不同
　　　土层根的质量密度

图 3-6　距树干 350～450cm 水平范围内不同
　　　土层根的质量密度

2. 吸收根的空间分布

从图 3-7～图 3-10 看出，湖南山核桃吸收根的水平分布大多集中在树冠滴水线内外 1m 左右的区域，吸收根的垂直分布大多集中在 15～60cm 的土层，在上述空间的吸收根质量密度很大。

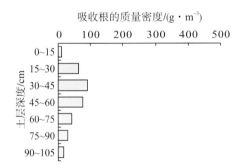

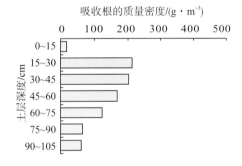

图 3-7　距树干 50～150cm 水平范围内不同
　　　土层吸收根的质量密度

图 3-8　距树干 150～250cm 水平范围内不同
　　　土层吸收根的质量密度

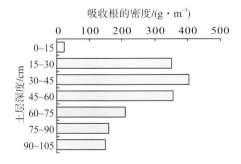

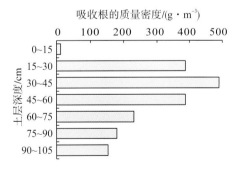

图 3-9　距树干 250～350cm 水平范围内不同
　　　土层吸收根的质量密度

图 3-10　距树干 350～450cm 水平范围内不同
　　　土层吸收根的质量密度

二、芽

湖南山核桃的芽不同于一般的树种，其芽体无鳞片包被，属于裸芽。当年的新梢抽生后，在其叶腋和顶部继续分化形成一段新梢幼体（图3-11），裸芽就着生在新梢幼体上顶部或侧生，冬季以裸芽越冬休眠。

图 3-11　湖南山核桃新梢幼体上的叶芽外观形态

（一）芽 的 类 型

湖南山核桃树上有3种类型的芽，即隐芽（或称潜伏芽、不定芽）、叶芽和花芽。

1. 隐芽

树干和大枝受到损伤或某些因素刺激后，从树皮内萌发的芽称为隐芽。一般认为隐芽是新梢上形成芽原基后，芽原基不再继续发育形成可见芽体而潜伏下来的有再生能力的芽。据对湖南山核桃多年生枝上隐芽萌发的部位观察，隐芽多潜伏在髓射线与形成层交界处。有关隐芽的芽原基形成后长期休眠潜伏在树皮内不会消亡和不定时萌发启动的机理尚不清楚。

2. 叶芽

叶芽在新梢幼体上形成,顶生和侧生(图 3-11),萌发后只抽生新梢营养枝。湖南山核桃叶芽具有早熟性,异质性特征明显。在新梢上当年形成的叶芽当年即可萌发抽梢,因此湖南山核桃在当年能够多次抽梢生长,这在幼树和生长旺盛的树上常见。对于成年大量结果的树和树势较弱的树,叶芽形成后当年不萌发。由于叶芽的异质性,营养枝中上部的芽质量好,能够抽生健壮的新梢,营养枝中下部的芽营养水平较低,只能萌发抽生短梢,有的不萌发形成隐芽。

3. 花芽

湖南山核桃的花芽属于混合芽,分雌花芽和雄花芽两种。雌花芽着生在短枝上新梢幼体的顶端,雄花芽着生在新梢幼体叶腋,80%以上的雄花芽着生在新梢幼体顶芽以下第 3 和第 4 片幼叶的叶腋。春季新梢幼体继续生长展叶后开花。

(二)叶芽和花芽的外观形态

湖南山核桃叶芽和花芽从外观形态上难以区分,但花芽的着生部位与叶芽有所不同。湖南山核桃的叶芽和花芽都为裸芽,芽体无鳞片包被,其形成过程是在新梢或 1 年生枝上生长出一个短梢幼体,其上密被很小的锈黄色腺体。叶芽着生在幼体的顶端和叶腋间,花芽大多着生于短梢幼体的顶端,是由短枝上的新梢幼体顶芽分化而来。雄花芽侧生,着生在新梢幼体叶腋间。着生叶芽的新梢幼体最大,着生雌花芽的新梢幼体大小次之,着生雄花芽的新梢幼体最小。

三、枝　　干

(一)枝

1. 营养枝

营养枝专行营养生长。根据其当年生长的长度可分为徒长枝、普通营养枝(中长枝)、短枝和更新枝。

(1)徒长枝

通常在幼树上或氮素营养条件充足的条件下最多,长势强而直立,当年的生长长度可达 1.5m 以上。结果树上的徒长枝一般需要 2~3 年才能在其上形成短枝,然后在短枝上形成新梢幼体进行分化花芽开花结果。徒长枝大多由健壮枝条的中下部新梢幼体继续生长发育形成,也有由大枝上的隐芽直接萌发后形成。

(2)普通营养枝

可分为长枝和中枝,长枝的长度 30~50cm(图 3-12),这类营养枝在初结果的树上多,当年抽生后其上中部叶腋可以形成新梢幼体,其上的芽难以在当年分化花芽。中枝的长度

15～30cm，在树势健壮的成年结果树上多，其上侧芽形成短枝后才能分化花芽。普通营养枝多数由 1 年生枝中上部的新梢幼体继续生长发育形成，有的可由果台副梢幼体(图 3-13)发育而来。

(3) 短枝

长度 5～15cm，在大量结果的树冠上最多。短枝(图 3-14)长势缓和，在其上当年能够抽生新梢后顶芽重新形成一个新梢顶芽幼体，这种短梢幼体容易分化花芽。成年结果树上的短枝可以大量转化为结果母枝。

图 3-12　普通营养枝

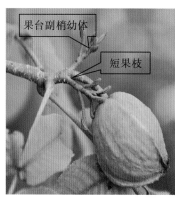
图 3-13　当年形成短果枝和果台副梢幼体

图 3-14　分化花芽的短枝

(4) 更新枝

湖南山核桃成年大树主枝上的潜伏芽寿命长，若自然或人为的作用导致主枝折断后，能够从以下部位的潜伏芽萌发抽生健壮的更新枝，图 3-15 显示了湖南山核桃枝百年生大树主枝折断后潜伏芽萌发抽生更新枝的生长情况。因此，湖南山核桃大树和老树的树冠更新能力极强，这种生物学特性致使湖南山核桃能够保持极长的自然寿命。可以利用这一特性对衰老树冠进行更新，充分利用潜伏芽萌发抽生新枝以恢复树冠生长，保持大树或老树具有较强的树势，长期维持其正常结果和持续高产。

2. 雌花枝和结果枝

湖南山核桃树冠上当年形成的短枝混合芽幼体次年抽生后，其上着生雌花的枝称为雌花枝，雌花枝结果后称为结果枝。湖南山核桃的结果枝都是短果枝(图 3-13)，长度 1～5cm。短果枝上容易形成果台副梢幼体(图 3-13)，有的发育成营养枝，有的也可以分化花芽，形成新梢混合芽幼体，第二年继续抽生后开花结果。据我们多年观察，初结果的幼树上雌花枝比例大。

3. 雄花枝

雄花枝由上年形成的具有雄花芽的新梢混合芽幼体继续发育而来，其上只着生雄花，长度 1～5cm，生长细弱，开花后容易枯死。雄花枝在营养失调的成年树上的比例较大，尤其是在土壤缺磷或树体缺磷条件下和衰老树上，雄花枝比例高，雄花序的数量很大，这是湖南山核桃低产林的重要特征。

图 3-15　湖南山核桃百年大树主枝折断后潜伏芽萌发抽生的多年生更新枝

4. 混合花枝

湖南山核桃树冠上还有一类是同时着生雌花和雄花的花枝，称为混合花枝，长度 3～6cm。在盛果期丰产树上，混合花枝多，因此混合花枝又是优良结果枝的重要来源。

（二）树　　干

湖南山核桃枝属于干性强的树种，在自然条件下容易形成通直的主干（图 3-16），尤其是在混交林中，湖南山核桃极强的干性表现得更加明显，因此通常成为混交林中的优势树种。在混交林中湖南山核桃主干高而挺直，主枝分枝部位高，主干的结疤少，木材纹理通顺而坚硬。在纯林中主干高而挺直的干性明显减弱，在混交林中树干通直。

四、叶

湖南山核桃的叶片为奇数羽状复叶，小叶 5～9 片，长椭圆形，正面光洁，叶片背面及叶脉上有锈褐色的细小腺毛，叶片成熟后脱落。叶脉 20 对以上，对生或互生，叶背叶脉凸出。叶缘有锯齿状小缺刻。幼叶颜色淡紫色，随叶片长大成熟淡紫色逐渐消退转为绿色。

图 3-16　湖南山核桃百年大树主枝折断后潜伏芽萌发抽生的多年生更新枝

五、花

(一)雌　　花

湖南山核桃的雌花为子房下位花,无花瓣(图 3-17),有萼片 4 个,雌蕊较大从中央凸出,刚出现时雌蕊呈紫红色,逐渐退去。雌花为穗状花序,最多可达 5 朵。整个雌花序着生在新梢顶端。

(二)雄　　花

雄花为柔荑花序(图 3-18),着生在新梢基部或雌花序以下叶腋处,整个花序由着生在总花序柄上的 3～5 个花穗组成,每个花穗上有上百个小花,内有大量孢子(花粉)。花穗长 15～18cm。

图 3-17　湖南山核桃的雌花

图 3-18　湖南山核桃雄花的柔荑花序

六、果　实

湖南山核桃的果实由下位子房发育而来，子房的外、中壁发育成果实的总苞又称外果皮(青皮)，子房的内壁发育成坚硬的骨质内果皮，即坚果的壳，坚果内种皮膜质，极薄，子叶(种仁)肉质，富含脂肪。

湖南山核桃果实总苞表面密被锈黄色细密小腺体，幼果期尤其明显(图 3-19)。在幼果上萼片存留，随果实发育到后期萼片逐渐干枯脱落。果实总苞上有 4 条明显的线状凸起，在果实顶端最为明显。果实成熟后总苞顶部凸起线开裂，坚果脱出(图 3-20 左)。坚果短椭圆形或长椭圆形，顶部较宽，基部较窄，坚果表面无沟纹，灰白色，对应总苞上的凸起线条处也有 4 条明显的凸起线。坚果的壳十分坚硬，其内胴部以下有较厚的硬质隔将坚果分为 4 室(图 3-20 右)，坚果的种仁由双子叶发育而来。

图 3-19　湖南山核桃的果实(左：幼果；右：带总苞的成熟果)

图 3-20　湖南山核桃坚果及裂开的总苞(左)和坚果剖面(右)

第 2 节　重要器官的生长发育规律

一、根 系 生 长

(一)年周期生长规律

根据对 8~11 年生树 4 年的定时定点观察，湖南山核桃根系在一年之内的生长规律是春季生长较快，夏季生长较慢，秋季生长最快。从 2 月上旬起根系开始生长，3 月中旬至 4 月上旬出现一个根系生长高峰，4 月中旬至 5 月下旬根系生长变缓，6 月上旬至 6 月下旬，根系又出现一次生长小高峰，7 月初至 8 月下旬，根系生长较为缓慢，9 月上旬至 10 月初，根系重新出现一次生长高峰，此次根系的生长量大，生长速率快。根系的上述生长节律与地上部的器官生长具有互为消长的关系。

(二)影响根系生长的因素

影响湖南山核桃根系生长的因素十分复杂，包括地形地貌、土层厚度及质地、土壤 pH 及养分状况、土壤温度及水分、树体养分状态等因素对根系生长均会产生交互作用。我们着重研究了土壤温度、水分和氮、磷养分对湖南山核桃根系生长影响，探究了湖南山核桃根系在不同土壤温度和水分条件下的生长状况，同时通过实地调查了解土壤氮、磷养分含量及 pH 变化对根系生长的影响，以便为栽培管理提供指导依据。

1. 土壤温度对根系生长的影响

我们于 2008~2009 年进行了温度及水分条件对湖南山核桃根系生长影响的试验，在 2 月中旬将仍处于休眠的湖南山核桃盆栽实生小苗置于人工气候厢内，进行不同温度的处理，在 4~32℃每隔 4℃分别设置 1 个处理温度梯度，8 个温度梯度的室内气温分别控制为 4℃、8℃、12℃、16℃、20℃、24℃、28℃和 32℃。每个处理 1 盆 1 株，设 3 个重复。在处理前测定盆栽实生苗的初始根系质量，平均值为 28.27g。模拟自然光照，空气相对湿度控制在 85±2.5%，从处理后的第 5 天开始每隔 5 天测定 1 次土壤温度，最后计算土壤温度的平均值。处理 50d 后取植株测定根系的质量，以处理前根系的初始质量为基数，计算不同温度条件下的根系生长新增质量，确定适宜根系生长的温度范围。

试验结果表明，土壤温度状况与设定的处理气温有所差异，在 20℃以下的几个气温条件下，土壤温度略有降低，在 24℃以上的几个气温条件下，土壤温度略有升高。这种情况可能与不同温度条件下土壤吸放热的特性有关。表 3-1 显示，湖南山核桃根系生长对温度的响应十分明显。在 3.62℃的条件下，根系新增质量仅仅有 0.03g·株$^{-1}$，表明根系几乎没有生长。在 7.43℃的条件下，单株根系的质量比初始质量增加了 5.81g，取样测定时发现，这一土壤温度处理出现较多的白色新根，在此温度条件下培养 15d，观察到实生苗的芽体已经开始明显增大，说明在 7.43℃ 的温度条件下，湖南山核桃的根系已经开始生长，地上部也有所响应。由此可以初步确定湖南山核桃根系生长的生物学起点温度可能是 7℃ 左右。随处理温度的升高，根系新增质量继续增大，在 24.18℃ 和 28.21℃ 下根系新增质量分别达到 33.18g 和 36.50g，高于其他温度条件的处理。土壤温度 33.04℃ 的根系新增质量只有 21.94g，比前两个处理的都小，说明过高的土壤温度对湖南山核桃根系的生长不利，根系生长的最适宜温度可能在 25～28℃。在试验中观察到，12℃ 以上的 6 个温度条件处理的地上部新梢幼体都开始生长，其中 20℃ 及以上的处理，到第 20 天已经萌芽展叶，25℃、28℃ 和 32℃ 的 3 个处理的叶片已经相当于成熟叶片 2/3 的大小。

表 3-1　湖南山核桃实生苗在不同土壤温度条件下培养 50d 的根系新增质量

土壤温度 /℃	3.62	7.43	11.38	15.36	19.53	24.18	28.21	32.04
根系质量 /(g·株$^{-1}$)	28.30 h	34.08 g	40.92 f	45.26 e	54.30 c	61.45 b	64.77 a	50.21 d
根系生长新增质量 /(g·株$^{-1}$)	0.03 h	5.81 g	12.65 f	16.99 e	26.03 c	33.18 b	36.50 a	21.94 d

注：处理间的差异显著性测定采用邓肯新复极差检验，不同小写字母分别表示差异达 0.05 的显著水平

2. 土壤水分对根系生长的影响

2007～2008 年，我们采用玻璃根箱控水栽培试验法，观察了土壤水分对当年生湖南山核桃实生苗根系生长的影响，以贵州榕江地区常年 1200mm 的平均降水量为对照，以 950mm 和 700mm 年降水量分别作为轻度和中度干旱胁迫处理，根据榕江地区常年降水量的旬间分布率计算出每旬降水量占全年降水量的比例，再根据对照和两个控水处理设置的模拟降水量计算出每旬的供水量后进行定量浇水。分别在 3 月 15 日至 4 月 15 日(春季)、6 月 1 日至 6 月 30 日(夏季)、9 月 10 日至 10 月 10 日(秋季) 3 个根系生长高峰时段对玻璃根箱中可见根的生长动态和长度进行观察测定，确定不同土壤水分状况对湖南山核桃根系生长的影响。

试验和观察测定结果表明，正常供水处理的湖南山核桃根系在每年中有明显的 3 次生长高峰，在每次生长高峰时玻璃根箱中可见根的生长量都比其他时期的大。表 3-2 显示，正常供水的对照，在春、夏、秋 3 个根系生长高峰期时段，可见根的平均生长长度分别为 32.14cm、21.81cm 和 49.25cm，轻度干旱胁迫处理的可见根平均生长长度分别为 18.31cm、6.09cm 和 23.83cm，中度干旱胁迫的分别只有 8.37cm、1.34cm 和 5.48cm。由此可见，土壤干旱会抑制湖南山核桃根系的正常生长，随土壤干旱程度的加重，根系生长的抑制加强。

需要指出的是，在相同土壤水分状态下，不同季节湖南山核桃实生苗的可见根生长长度的差异与 3 个根系生长高峰根系生长不同有关。

表 3-2 在玻璃根箱中长期土壤干旱胁迫条件下湖南山核桃实生苗可见根的生长长度

胁迫状态及根系生长高峰期	正常供水(对照)			轻度干旱胁迫			中度干旱胁迫		
	春季	夏季	秋季	春季	夏季	秋季	春季	夏季	秋季
可见根的生长长度/cm	32.14	21.81	49.25	18.31	6.09	23.83	8.37	1.34	5.48

3. 土壤其他因素对根系生长的影响

土壤质地、pH 及养分状况也是影响湖南山核桃根系生长的重要因素。调查结果表明，在质地疏松、有机质含量丰富、微酸性的土壤上，湖南山核桃的根系发达，生长良好。对苗木繁育基地的调查结果表明，在苗圃地速效氮含量低于 60mg·kg^{-1}、有效磷含量低于 10mg·kg^{-1} 的土壤上，湖南山核桃苗木长势差，根系发育不良，须根少。

二、花芽的形成

确定湖南山核桃的花芽分化时期对于开展促进发芽分化的栽培或化学调控具有重要的指导意义。有关湖南山核桃花芽分化的研究迄今尚无报道，为此，我们参考王白坡等(1986)对长山核桃花芽分化观察的取样方法，对贵州锦屏的湖南山核桃结果树进行定期取样，于 2008 年 1 月 1 日至 2009 年 12 月 30 日，每周取样 1 次，采用石蜡切片法(于炳生等，1989)，切片观察湖南山核桃雌花和雄花的花芽形态分化组织解剖结构，以确定花芽形态分化的时期及进程。

(一)雄花芽分化期及其分化进程

解剖切片观察结果表明，湖南山核桃的雄花芽形态分化时期于当年 6 月上旬开始，到树体进入冬季休眠而暂时停止，次年 2 月下旬又继续进行分化，到 4 月下旬整个雄花的形态分化结束。整个进程分为雄花序轴形成期、大小苞片分化期、小花原基分化期、雄花序形态分化停滞期、雄蕊分化期、花药形成期、花粉母细胞及花粉粒形成期共 7 个阶段。

1. 雄花序轴形成期(6 月初至 6 月中旬)

从 6 月 6 日开始，在当年形成的短新梢幼体中下部腋芽内开始观察到雄花序轴(图 3-21)。5 月下旬前的取样芽体切片观察中没有发现雄花序轴，雄花序轴形成期到 6 月 12 日前结束。因此，6 月初至 6 月中旬是雄花序轴形成期。

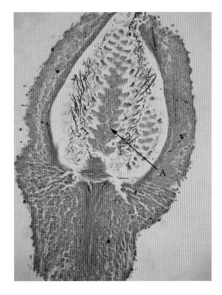

图 3-21 雄花序轴(A)出现(6 月 6 日)

2. 大、小苞片分化期(6 月中旬至 6 月下旬)

　　6 月 12 日雄花大苞片开始分化(图 3-22)，6 月 19 日雄花大苞片完全形成(图 3-23)。小苞片分化从 6 月 19 日开始(图 3-24)，到 6 月 26 日基本结束(图 3-25)。

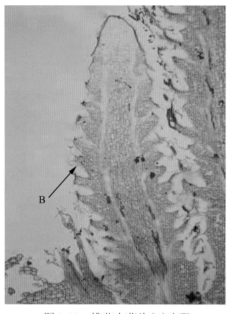

图 3-22　雄花大苞片(B)出现

(6 月 12 日)

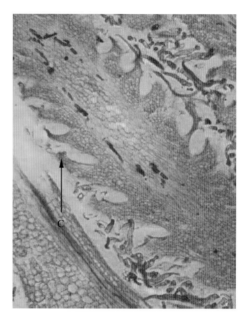

图 3-23　雄花大苞片(C)形成

(6 月 19 日)

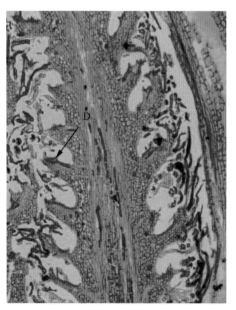

图 3-24　雄花小苞片(D)出现

(6 月 19 日)

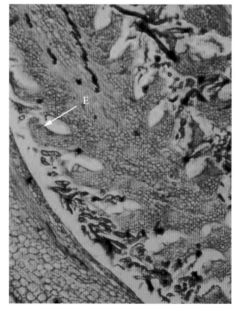

图 3-25　雄花小苞片(E)形成

(6 月 26 日)

3. 小花原基分化期（7 月初至 8 月中旬）

7 月是雄花芽的小花原基分化期。7 月 3 日的取样切片中观察到雄花序的小花原基开始出现（图 3-26），到 7 月 24 日，观察到形成的雄花序小花原基（图 3-27），此后至 8 月中旬，雄花序小花原基都陆续大量出现。

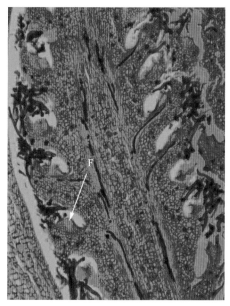
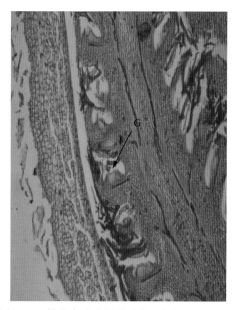

图 3-26　雄花序小花原基（F）出现（7 月 3 日）　　　图 3-27　雄花序小花原基（G）形成（7 月 24 日）

4. 雄花序形态分化停滞期（8 月下旬至次年 2 月中旬）

8 月下旬后，整个雄花序的形态分化停滞，一直到次年 2 月中旬前，切片观察到的雄花芽组织解剖结构一直处于图 3-28 的小花原基形成的状态，说明雄花的形态分化进程在 8 月下旬就已经停滞。在进入冬季休眠期前雄花芽分化停滞的原因尚不清楚。

在胡桃科（Juglandaceae）胡桃属（*Juglans*）中的核桃（*Juglans regia*）和铁核桃（*Juglans sigillata*）上，雄花序的形态分化也是跨年分化的（陈杰忠，2013）。王白坡等（1986）观察了胡桃科山核桃属（*Carya*）中薄壳山核桃（*C. illinoensis*）雄花的形态分化进程，在浙江临安，薄壳山核桃雄花的形态分化始于秋季，12 月随树体休眠停止分化，次年 3 月中下旬继续进行雄花器官的分化，4 月下旬雄花器官的形态分化结束。由此可见，雄花的跨年

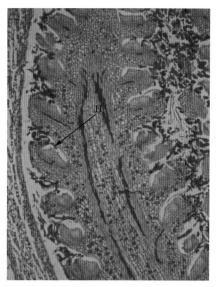

图 3-28　花芽分化停滞期（8 月下旬至次年 2 月中旬）的小花原基（H）

分化可能是所有胡桃科植物固有的生物学特性。王白坡等(1986)把花序原基出现时间作为薄壳山核桃雄花序形态分化初始时期是值得商榷的，应该从花序轴出现作为雄花序形态分化的初始，因此薄壳山核桃雄花序形态分化初始期应提前到秋季之前。

　　5. 雄蕊分化期(2月下旬至3月上旬)

　　次年2月下旬，雄花的形态分化在上年的基础上继续进行。2月23日观察到雄蕊原基的出现(图3-29)，到3月7日观察到大量发育完全的雄蕊(图3-30)。整个雄蕊分化较快，在2周内基本完成。

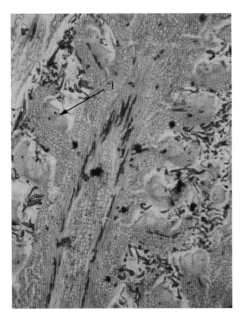
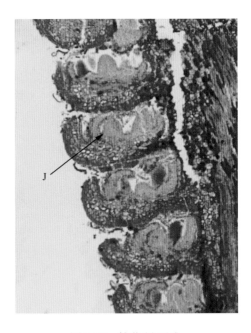

图3-29　雄蕊原基(I)出现　　　　　　　　　图3-30　雄蕊(J)形成

（2月23日）　　　　　　　　　　　　　　（3月7日）

　　6. 花药形成期(3月中旬至3月下旬)

　　3月中旬花药原基出现(图3-31)，发育约2周至3月下旬，花药组织结构(图3-32)更加明显可见。

　　7. 花粉母细胞及花粉粒形成期(4月初至4月下旬)

　　4月初观察到花粉囊内的花粉母细胞(图3-33)，4月上中旬花粉囊绒毡层解体，出现四分体(图3-34)，然后四分体胼胝质解体，4月中下旬观察到单核花粉粒(图3-35)。4月下旬整个雄花的形态分化全部结束。

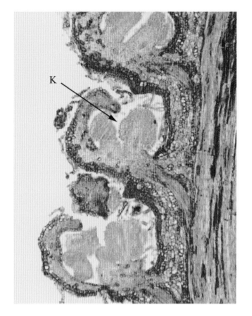

图 3-31 花药原基(K)出现

（3 月 14 日）

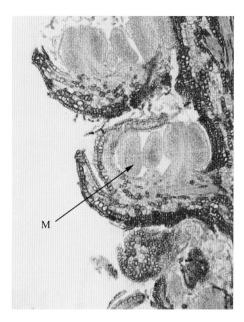

图 3-32 花药(M)形成

（3 月 30 日）

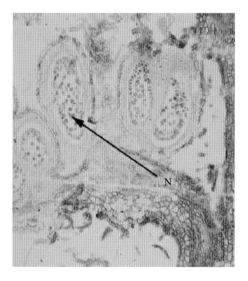

图 3-33 花粉母细胞(N)

（4 月 7 日）

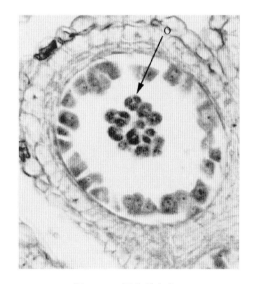

图 3-34 四分体(O)

（4 月 14 日）

（二）雌花芽分化期及其分化进程

湖南山核桃雌花芽形态分化在 2 月中下旬至 4 月下旬进行，整个过程可分为未分化、小花原基形成、雌花苞片及雌蕊原基形成、雌蕊形成共 4 个时期。

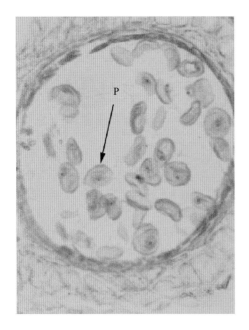

图 3-35　单核花粉粒（P）（4 月 21 日）

1. 未分化期（2 月中旬以前）

在 2 月中旬前，雌花芽处于未分化期，此期芽的生长锥（图 3-36，a）组织解剖结构形态与叶芽的没有任何区别。

2. 小花原基形成期（2 月下旬）

2 月下旬，雌花的小花原基开始形成，生长锥明显凸起，图 3-37 中 b 和 c 分别为两个小花原基生长锥凸起。

3. 雌花苞片及雌蕊原基形成期（3 月上旬至 3 月下旬）

此期小花原基边缘凸起形成雌花苞片（图 3-38，图 3-39），时间约在 3 月上旬，然后随雌花苞片的进一步发育，在雌花苞片内侧出现雌蕊原基（图 3-39）。

4. 雌蕊形成期（3 月下旬至 4 月下旬）

在雌蕊原基形成后，3 月下旬在雌蕊原基上出现心皮原基和胚珠原基（图 3-40），随后心皮原基不断发育，形成的心皮将胚珠包裹在中间（图 3-41，图 3-42），胚珠继续发育，到 4 月下旬心皮和胚珠都发育完成（图 3-43），形成成熟的雌蕊。这一过程历时大约 1 个月。

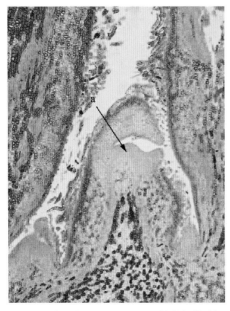

图 3-36　未分化期（2 月 10 日）的生长锥（a）

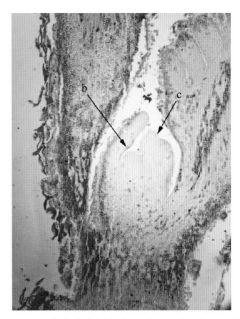

图 3-37　花序小花原基（b、c）形成（2 月 23 日）

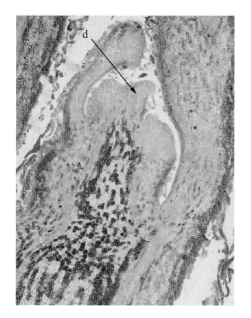

图 3-38　雌花苞片(d、f)出现
(3 月 7 日)

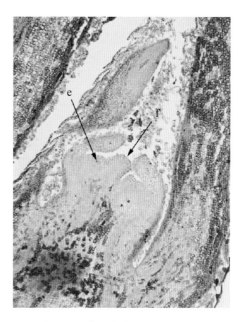

图 3-39　雌花苞片(f)和雌蕊
原基(e)形成(3 月 24 日)

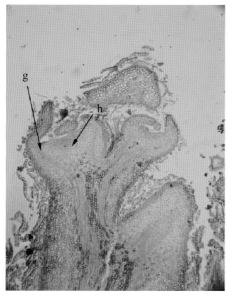

图 3-40　心皮原基(g)和胚珠
原基(h)出现(3 月 30 日)

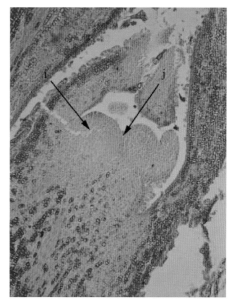

图 3-41　心皮(i)和胚珠(j)发育
(4 月 7 日)

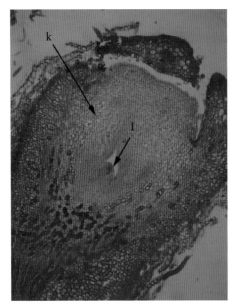

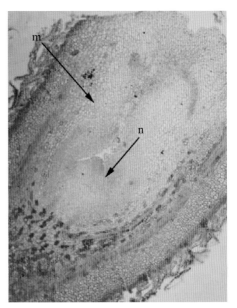

图 3-42　心皮(k)和胚珠(l)发育　　　　　图 3-43　心皮(m)和胚珠(n)形成
（4 月 14 日）　　　　　　　　　　　　　（4 月 21 日）

三、叶与新梢生长

（一）叶 片 生 长

　　春季湖南山核桃的新生叶生长十分独特，绝大多数木本植物的新生叶都从萌发的芽中长出，而湖南山核桃的新生叶是从上一年形成的新梢幼体上的幼叶继续发育而来。经过冬季休眠的新梢幼体在春季又继续发育，其上的叶幼体生长成第一批新叶。新梢幼体上的幼叶发育成熟需要 45～50d。进入夏季以后，在当年生健壮营养枝和徒长枝上形成的叶芽能够继续萌发生长第二批和第三批新叶，第二批新叶最大，第三批新叶稍小。

（二）新 梢 生 长

　　湖南山核桃的新梢分为短梢、中梢、长梢和徒长梢 4 类。短梢生长期很短，进入春季生长期后，上一年形成的新梢幼体继续生长，生长 30～40d 后部分新梢停止生长，形成长度小于 10cm 的短新梢，并在其上顶端形成一个新的新梢幼体。一些新梢生长到 5 月下旬至 6 月初才停止生长，长 20～25cm，这类新梢称为中梢。中梢停止生长后在叶腋和新梢顶端重新形成若干个新梢幼体。有的新梢一直生长到 7 月初才停止生长，长度能够达到 40～50cm，这类新梢称为长梢。长梢上能够形成很多侧生的新梢幼体，在当年继续生长形成二次梢，有少量的二次新梢上还能够抽生三次新梢。二次新梢和三次新梢抽生的起始时间不确定，有早有晚，但停止生长的时间大多分别在 7 月下旬和 8 月上旬。有的营养生长旺盛的树和大树的主枝或大侧枝上会萌发抽生徒长性新梢，这类新梢的长度一般超过 80cm，徒长新梢在快速生长的同时，中上部侧芽很快形成新梢幼体继续生长，因此徒长新梢上的二次梢或三次梢较多。徒长新梢一般到 8 月下旬才能停止生长。湖南山核桃具有上述新梢生长特性，因此树体生长发育快，幼苗生长发育 3～5 年就能够形成较大的树冠。

四、果实生长发育与养分物质积累

(一)果实生长规律

表 3-3 显示，湖南山核桃完整的果实发育时间大约为 120d。果实从 5 月中旬起开始生长发育，5 月中旬至 6 月下旬是幼果生长期，这一时期幼果生长缓慢，单果鲜重小于 4g。7 月初至 8 月中旬为果实迅速生长期，果实纵径、横径、鲜重和干物质增长快，其中 5 月下旬至 7 月中旬果实的纵径增长明显大于横径增长。8 月中旬以后果实进入缓慢生长期，9 月中旬果实成熟。

表 3-3　不同生育期湖南山核桃的果实纵径、横径、鲜重、干重和种仁中脂肪和蛋白质含量

取样日期(月/日)	发育天数/d	果实纵径/mm	果实横径/mm	单果鲜重/g	单果干重/g	种仁中粗脂肪/%	种仁中粗蛋白/%
5/30	15	11.30	6.20	0.21	0.16	—	—
6/15	30	19.26	11.98	1.37	0.35	—	—
6/30	45	27.65	17.78	3.50	0.95	—	—
7/15	60	35.15	26.45	12.95	3.46	—	—
7/30	75	35.26	27.40	17.51	7.51	10.05	3.14
8/14	90	35.32	28.37	18.38	8.01	49.72	6.51
8/30	105	35.40	31.90	20.60	10.90	56.10	7.36
9/15	120	35.49	31.98	20.63	11.01	56.03	8.18

注：7 月 15 日前果实中种仁尚未形成，表中"—"表示未对脂肪和蛋白质进行检测

(二)不同生育期果实中营养元素的吸收量

在不同生育期，果实对各种营养元素的吸收差异大，表现出明显的规律性。表 3-4 显示，以 1 个果实为单位，果实对 N、P、K、Mg、Fe、Mn 的吸收量随果实的不断发育而增加，表现出不断积累的明显趋势，其中 N、P、K 在 7 月初以后的果实快速生长期中吸收量迅速增加。果实对 Ca 的吸收是幼果期吸收量较少，在 7 月份果实快速生长期的吸收量明显增加，到 8 月中旬以后的缓慢生长期吸收量有所减少。Zn、B 在 6 月中旬前的幼果生长期吸收较多，7 月初进入果实迅速生长期吸收量减少。果实对 Cu 的吸收在整个生育期相对较为稳定。

表 3-4　不同生育期湖南山核桃果实中营养元素的吸收量

取样日期（月/日）	发育天数/d	吸收量/(mg·单果⁻¹)									
		N	P	K	Ca	Mg	Fe	Zn	Cu	Mn	B
		8.65	3.11	5.20	0.76	0.96	0.32	1.76	0.16	0.14	0.29
6/15	30	11.43	7.13	5.11	0.82	1.05	0.58	1.67	0.15	0.18	0.25
6/30	44	10.79	8.23	19.83	1.78	2.27	0.52	1.45	0.16	0.31	0.13
7/15	59	29.12	11.86	20.14	2.29	4.27	0.54	1.49	0.14	0.27	0.12
7/30	74	51.25	28.14	33.27	2.22	4.71	0.59	1.05	0.16	0.32	0.12
8/14	89	48.74	31.01	48.86	1.67	5.27	0.67	0.91	0.17	0.53	0.10
8/30	105	43.09	36.84	48.09	1.30	4.33	0.89	0.67	0.18	0.45	0.11
9/15	120	48.47	39.12	43.59	1.04	4.69	0.87	0.59	0.15	0.75	0.13

从上述规律和表 3-4 中的数据可以看出，整个果实生长发育对 N、P、K 的需求量大，进入果实迅速生长期后需求量更多。这种需求增长与果实发育后期的蛋白质和脂肪合成密切相关。果实迅速生长期后 N 吸收量增加有利于种仁中蛋白质合成与积累。P、K 对促进脂肪的合成发挥着极其重要的作用，在碳水化合物转化为脂肪的过程中乙酰辅酶 A、丙二酰辅酶 A、丁酰辅酶 A 等所催化的酶促反应需要 ATP 参与 K⁺ 的激活（廖红等，2003），K 促进碳水化合物向果实中转运保证了脂肪合成的基础底物的供应。在幼果发育期 Zn 的需求量高可能还与其中的生长素有关。在缺 B 时很多果树都不能正常授粉受精，胚的发育停止，不能形成种子。因此，湖南山核桃幼果期果实中 B 吸收量高于其他时期是与坐果有密切关系的。

（三）果实发育后期种仁中脂肪和蛋白质的积累

表 3-3 显示，7 月中旬后，果实种仁中脂肪和蛋白质开始积累，到 8 月上中旬果实中粗脂肪和粗蛋白质的含量增长极快，到 8 月下旬分别达到 56.10% 和 7.36%，到果实成熟期粗脂肪不再增加，而粗蛋白增加到 8.18%。

五、物　候　期

由于不同地区的气候差异，湖南山核桃物候期的差异也较大。广西三江和贵州荔波等地由于纬度及海拔较低，春季温度回升快，物候期比贵州黔东南州和湖南邵阳市湖南山核桃产区早了许多。据对贵州黔东南锦屏、黎平、天柱 3 个地区 9 个观察点 3 年的观察，湖南山核桃在 3 月上中旬开始萌芽，3 月底至 4 月上中旬新梢开始生长，4 月下旬至 5 月中旬进入新梢旺盛生长期，5 月下旬至 6 月初大部分新梢生长停止；4 月下旬至 5 月中旬为开花期，5 月下旬至 9 月中下旬为果实发育期，其中 7 月初至 8 月中旬为果实迅速生长期。11 月初至 11 月下旬为落叶期，12 月上旬进入冬季休眠期，次年 3 月上旬休眠解除，萌芽生长。

第 3 节　开花结果习性

一、开花与授粉特性

(一)开　　花

湖南山核桃属于雌雄同株异花植物，4 月下旬至 5 月中旬开花，雌雄花同时开放。在连续天晴的条件下，单穗雄花序散布花粉的时间可持续 2~3d，整个树冠上不同的雄花序散布花粉的时间可持续 8d 左右，雄花盛花期散布的花粉量很大。

(二)授粉结实特性

我们对湖南山核桃进行人工授粉结实套袋试验，结果表明自株花粉授粉与异株花粉授粉的结实率相当，分别为 23.8%和 24.1%。说明湖南山核桃具有自花结实的特性。

二、结　果　习　性

(一)实生树的结果习性

湖南山核桃实生树的童期一般在 6 年以上，种植后 6~7 年开花，12 年以后进入盛果期，盛果期年限可长达 30 年以上。

(二)嫁接树的结果习性

共砧嫁接树的营养期 3~4 年，在第 1 年开花时雌花多，初花树的雄花很少甚至无雄花，以后雄花比例逐渐增多。

(三)结果枝类型与结果部位

湖南山核桃的结果枝为短果枝，一般长度不超过 5cm。在树冠上有两种类型的结果枝，一种是由单生雌花芽发育的单生雌花结果枝，这种结果枝是由雌花枝发育而来，雌花下部没有雄花序，这种结果枝坐果率较低。另一种结果枝是由雌雄混合花枝发育而来的，这种花枝基部着生有雄花序，顶端着生雌花，这是湖南山核桃的主要结果枝类型，坐果率很高。

湖南山核桃树的结果部位大多在树冠中上部外围，短果枝大多着生在 2~3 年生的延长枝上。在营养条件良好的条件下，短果枝上的果台副梢能够分化花芽连续多年结果。

(四)生 理 落 果

在正常情况下，湖南山核桃在 5 月下旬至 6 月初和 7 月中下旬有两次生理落果，第一次生理落果时果实直径 0.5cm 左右，第二次落果时果实直径 1.5cm 左右。第一次生理落果的数量较第二次生理落果的多。

在开花期遇到连续低温阴雨或干旱大风天气，湖南山核桃第一次生理落果严重，这种情况与不良气候条件影响正常授粉受精有密切的关系。树体养分中氮磷比例过高也会导致大量的第一次生理落果。

参 考 文 献

陈杰忠, 2013. 果树栽培学各论(南方本)[M]. 北京: 中国农业出版社.

廖红, 严小龙, 2003. 高级植物营养学[M]. 北京: 科学出版社.

王白坡, 钱银财, 1986. 长山核桃花芽分化和花发育的初步观察[J].浙江林学院学报, 3(1): 7—12.

于炳生, 张仪, 1989. 生物学显微技术[M]. 北京: 北京农业大学出版社.

第4章
湖南山核桃重要生理与生态学特性

　　树种的生理生态学特性是建立配套栽培与经营技术体系的科学依据。长期以来，有关湖南山核桃生理生态学特性的研究不够深入，也不系统。探究湖南山核桃对光照、土壤水分和养分的需求规律和不同生态条件对其生理及产量品质的影响，对栽培技术体系的建立具有重要的科学意义。本章对湖南山核桃的种子生理特性、光合生理与需光特性、年周期中树干液流动速率的变化、干旱胁迫对树体养分含量及生理特性和产量品质的影响进行了较为深入系统的研究，发现湖南山核桃种子无休眠特性，具有顽拗性和多胚性，种子在成熟的后期能够合成大量的赤霉素（GA），并对休眠激素脱落酸（ABA）产生拮抗作用，种子一旦脱水干燥即丧失发芽力，在保湿冷藏的条件下60d内可维持种子正常寿命，但超过60d发芽率显著下降，未脱水的湖南山核桃种子进行短期的保湿冷藏后，能够促进种子中脂肪、淀粉、蛋白质、ABA的降解，增加有利于种子发芽和幼苗生长的GA、ZRs和IAA合成。湖南山核桃属于喜光树种，光照强度减弱会导致湖南山核桃光合生理特性发生改变，光合速率降低。每年的2月份湖南山核桃进入树液流动期，树干液流动速率逐渐增大，需水量也逐渐增加；5月上中旬树干液流动速率最大，树体需水量最多；7月上旬进入果实快速生长期后，树干液流动速率再次增大，需水量再次增加。湖南山核桃属于抗旱性强的树种，遭受干旱后树体生理能够做出较强的抗旱生理响应，以此增强自身应对干旱的渗透调节能力。在5月份的新梢快速生长期和7~8月份的果实发育期，一旦遭受较严重的干旱，其新梢生长和果实发育会受到严重抑制。干旱会导致坚果瘪籽空室，降低坚果产量和品质。

第1节　光合生理与需光特性

一、基本光合生理特性

（一）湖南山核桃的光饱和点和光补偿点

　　植物的光饱和点和光补偿点分别是光照强度与光合作用关系的上限和下限临界指标，这两个光合生理参数最能反映植株叶片对强光和弱光的利用能力。据测定，湖南山核桃叶片的光补偿点为80~85$\mu mol \cdot m^{-2} \cdot s^{-1}$，光饱和点为1138~1170$\mu mol \cdot m^{-2} \cdot s^{-1}$。与其他树种比较，湖南山核桃因光补偿点较高而不耐阴，但因光饱和点较高而对强光有较强的利用能力。

(二)湖南山核桃的光合速率(P_n)日变化

夏季(6 月中旬)晴天对湖南山核桃叶片的光合速率及光合有效辐射的日变化进行同步测定，发现湖南山核桃的光合速率日变化表现出明显的"午休现象"。图 4-1 显示，清晨 7:00～10:00 P_n 是不断增大的，到 10:00 时 P_n 达到全天的最大值，为 4.17μmolCO$_2$·m^{-2}·s^{-1}，10:00 后 P_n 持续下降，到下午 16:00 的 P_n 降至低点，仅为 1.63μmolCO$_2$·m^{-2}·s^{-1}，16:00～17:00 P_n 又有所增大，但到 17:00 后 P_n 又迅速降低。

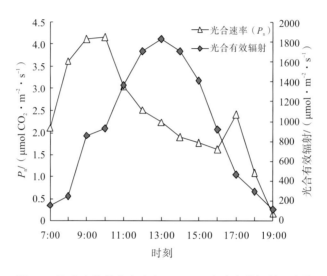

图 4-1　湖南山核桃光合速率（P_n）及光合有效辐射日变化

上述 P_n 的日变化规律与光照强度和大气温度变化密切相关。同步测定光合有效辐射的结果表明，在 7:00～10:00，环境中光合有效辐射的光量子通量在 155.93～926.48μmol·m^{-2}·s^{-1}，这一光照强度远低于湖南山核桃光饱和点，因此随光照强度的增强 P_n 能够同步提高。在 11:00～15:00，光合有效辐射的光量子通量在 1362.35～1414.81μmol·m^{-2}·s^{-1}，其中，13:00 时达到 1828.17μmol·m^{-2}·s^{-1}，这一时段的光照强度远远超过了湖南山核桃的光饱和点，因此过强的光照条件会抑制湖南山核桃的光合作用。下午 16:00～17:00，环境光合有效辐射光量子通量降至 918.87μmol·m^{-2}·s^{-1} 和 465.80μmol·m^{-2}·s^{-1}，此间的 P_n 再次提高，下午 17:00 P_n 达到 2.41μmolCO$_2$·m^{-2}·s^{-1}，下午 17:00 之后随光照减弱 P_n 迅速降低。

在中午光照过强时湖南山核桃的 P_n 迅速降低是气孔抑制和非气孔机制协同作用的结果。伴随着光照强度的增大，水分蒸腾加强，叶片失水严重，从而引起叶片气孔关闭，限制了 CO$_2$ 的交换，使 P_n 降低。同时在过强的光照条件下叶温会迅速升高，正常光合作用酶系统的活性钝化，甚至产生光呼吸，从而降低 P_n。

湖南山核桃的基本光合特性对于指导生产有重要的科学意义。在湖南山核桃种植基地建设过程中，要根据其光合生理的基本特性正确选择地形地貌，设计合理的种植密度。在营建混交林时，要科学地搭配树种，尽可能地考虑光合有效辐射对湖南山核桃光合作用的影响。

（三）湖南山核桃叶片蒸腾速率（T_r）和气孔导度（G_s）日变化

从图 4-2 看出，在一天中，湖南山核桃叶片的 T_r 从早上 7:00 以后逐渐增大，中午 12:00～14:00，叶片的 T_r 达到 2.15～2.24μmol H₂O·m⁻²·s⁻¹，以 13:00 时的最大，13:00 以后叶片的 T_r 逐渐降低，这是由叶片气孔关闭引起的。在上午 10:00 之前，叶片的气孔导度（G_s）随 T_r 和光合有效辐射的增大而增大，10:00 时叶片的 G_s 和 P_n 都达到最大，10:00 以后随光合有效辐射和 T_r 增大，叶片的 G_s 和 P_n 都迅速降低。说明中午过强的光照条件能够促进叶片的水分蒸发，在此条件下叶片气孔会自动关闭，叶片的 G_s 自然减小，由此引起进行光合作用所需的 CO_2 交换受阻，导致叶片的 P_n 降低。

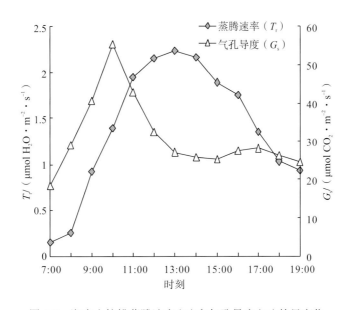

图 4-2　湖南山核桃蒸腾速率（T_r）和气孔导度（G_s）的日变化

二、湖南山核桃的需光特性

（一）喜光性和耐阴性评价

植物的光饱和点和光补偿点能够反映植株叶片对强光和弱光的适应及利用能力，在一般情况下，光饱和点和光补偿点都高的植物比光饱和点和光补偿点都低的植物喜光，前者需光性强于后者。

为了确定湖南山核桃的需光特性，我们选择了我国南方几个具有不同生态适应性的代表树种，测定它们的光饱和点和光补偿点后与湖南山核桃进行比较。表 4-1 显示，湖南山核桃的光补偿点和光饱和点略高于阳性喜光树种银杏；野生刺梨属于阳性耐阴树种，光补偿点和光饱和点明显低于湖南山核桃；野生宜昌橙和野生枇杷大多分布于乔灌林地中，是我国南方典型的耐阴性常绿树种，二者的光饱和点和光补偿点都很低。在野生条件下，湖南山核桃也是林地植被中的优势树种。因此，湖南山核桃属于喜光树种，对光照条件具有较高的要求，其需光特性与银杏相当，耐阴性不如刺梨，更不如耐阴树种的野生宜昌橙和野生枇杷。

表 4-1　对光照条件要求不同的几个树种的光补偿点、光饱和点比较

树　种	光饱和点 /($\mu mol \cdot m^{-2} \cdot s^{-1}$)	光补偿点 /($\mu mol \cdot m^{-2} \cdot s^{-1}$)	树种特性
湖南山核桃(*Carya hunanensi*)	1138～1170	80～85	阳性喜光树种
银杏(*Ginkgo biloba*)	1050～1155	75～80	阳性喜光树种
野生刺梨(*Rosa roxburghii*)	720～750	40～45	阳性较耐阴树种
野生宜昌橙(*Citrus ichangensis*)	375～420	20～23	耐阴树种
野生枇杷(*Eriobotrya japonica*)	385～412	7～9	耐阴树种

(二)光照不良对湖南山核桃的不利影响

对不同立地生态条件下的湖南山核桃生长及产量状况进行调查后发现，处于阴坡的湖南山核桃树，由于光照差，树体生长缓慢，结果少，果实产量明显低于生长在阳坡光照良好的树。在过于茂密的乔木混交林中，湖南山核桃树的树冠生长直立，主干上的分枝很少，树冠中下部的大枝小枝枯死严重，结果部位大多上移到树冠的顶端外围，而生长在较为稀疏的乔木混交林中的湖南山核桃树，树冠开张，植株生长健壮，枝叶茂密，结果多，产量高。在栽植密度过大的湖南山核桃林地，由于光照不良，树冠内的叶片黄化，多年生枝细弱，树冠内部小枝上的短枝少，花芽分化数量不多，在果实发育期幼果的生理落果严重，坐果率低，空苞率和瘪籽率很高。

第 2 节　种子的萌发与相关生理特性

一、种子的顽拗性

(一)种子顽拗性的定义

Roberts(1973)根据种子在保持生命力过程中的耐贮藏行为，将植物的种子分为正常型种子(orthodox seed)和顽拗型种子(recalcitrant seed)。正常型种子成熟后在母株上就开始经历成熟脱水的过程，种子脱落时含水量继续降低，这类种子通常在干燥(可以脱水到1%～5%的含水量）和低温状态下可以长期贮藏，保持生命力。而顽拗型种子脱离母体后一旦失水，生命力即丧失。Berjak(1990)将种子生命力维持对脱水的敏感性定义为种子的顽拗性(recalcitrance），也称为脱水敏感性。种子的顽拗性是在一定的生境条件下自身发

育过程中获得的一种重要特性，它反映的是种子生命力的维持对脱水的耐受性。

在自然界，具有顽拗性种子的植物存在一个连续群，即顽拗性种子分低度、中度和高度顽拗性种子(唐安军等，2004)。高度顽拗性种子对脱水的耐受性最弱，即便稍有失水，种子发芽力也丧失，而低度和中度顽拗性种子对脱水有稍强和较强耐受性，一定程度脱水的种子发芽力不至于丧失，但大量或完全脱水后种子的生命力也会丧失。有关种子顽拗性形成的原因及机理尚不完全清楚，但很多研究者猜测种子中缺乏束缚水可能种子脱水后失去生命力的重要原因。也有学者认为顽拗性种子中可能缺失亲水蛋白基因家族或亲水蛋白基因家族处于沉默状态，不能表达合成亲水蛋白，种子缺乏束缚水而导致种子具有顽拗性。

(二)湖南山核桃种子的顽拗性及其与生态环境的关系

我们的研究证明：湖南山核桃种子具有顽拗性，不耐脱水，一旦干燥脱水后种子的生命力即丧失，不能发芽。果树种子的顽拗性在常绿树种中比较普遍，如芒果、枇杷、柑橘、龙眼、荔枝、番木瓜等常绿树种的种子，都具有典型的顽拗性特征。在落叶果树的树种中，种子具有顽拗性特征的树种除湖南山核桃外，还有如银杏、板栗等。

种子的顽拗性可能是野生湖南山核桃自然分布范围狭小的重要原因。种子具有顽拗性的树种在自然状态下种源扩散后成功繁衍后代的概率低，种子在非人为因素进行远距离扩散的过程中，失水和丧失生命力的概率极大。

植物长期所处的生态环境与种子的顽拗性有重要联系。种子具有顽拗性的植物大多起源于湿润的生态环境，其种子在发育、成熟、萌发期间都处于湿润的环境中(杨期和等，2006)，长期适应湿润的生态环境使得种子对失水的耐受能力发生了改变或逐渐丧失。中国的野生湖南山核桃都分布在南亚热带湿润地区，分布地的降雨充沛，森林植被覆盖率高，林地气候湿润，这种特殊的生态环境对湖南山核桃种子生物学特性的进化和顽拗性的获得起到了至关重要的作用。

二、湖南山核桃种子脱水及保湿冷藏对萌发的影响

为了深入探究湖南山核桃种子的顽拗性和萌发生理特性，我们于2007～2009年对湖南山核桃种子脱水对其萌发的影响、未脱水种子在发芽过程中的生理行为和低温保存对种子发芽的作用进行了系统研究，旨在为解析湖南山核桃种子萌发的生理机制和探索种子的保存技术条件提供科学依据。

(一)脱水对种子萌发的不利影响

我们将成熟的湖南山核桃种子采集后分为两组，一组是将鲜种子(含水率为26.3%)洗净后立即播种，另一组是将鲜种子置于室外晾晒14d，使其脱水干燥后用自来水冲泡3d后播种，种子浸泡前的含水率降至3%。每组设3次重复，每个重复播种200粒；播种试验在人工气候室内进行，室温25℃，空气相对湿度85%，播种的基质为1∶1的蛭石和腐

殖土，相对含水量控制在 65±5%。播种后每隔 10d 取出种子，根据胚根和胚芽破出种壳与否观察统计一次发芽种子数，已经发芽的种子另外移栽于播种基质中，用已经发芽的种子数与播种种子总数的百分率计算发芽率；发芽势用观察当天统计的发芽种子数与播种种子总数的百分率表示。到播种 80d 种子不再萌发后将全部发芽的种子重新取出，分别统计具有 1 个以上胚芽的发芽种子数与发芽种子总数的百分率，表示多胚种率。

试验结果表明：湖南山核桃种子脱水干燥后发芽力完全丧失，播种后发芽率和在不同时期的发芽势均为 0，这一结果与吕芳德等(2006)报道相似。由此可见，湖南山核桃种子具有顽拗性。表 4-2 显示，将未脱水的种子直接播种后，第 10d 就有 3.4%的种子萌发；到播种后的 30～40d，发芽率从 28.3%增加到 41.12%，发芽势从 8.49%增加到 20.29%，发芽势达到最高。播种 40d 以后，发芽率不断增加但发芽势逐渐减弱，到第 70d 发芽率达到 68.4%，而发芽势从 20.29%降至 11.69%。70d 以后未发芽的种子不再萌发。播种 70d 以后仍然有 31.6%的种子始终不能发芽，这有两方面的原因：一是部分种子的质量可能不高，二是这部分种子在脱离母株时可能种胚发育不成熟，需要在一定的条件下种胚发育成熟后才能发芽，这种特性在银杏的种子上也存在。银杏果实从树上脱落后，绝大多数种胚都没有形成，若立即播种种子发芽率极低，未发芽的种子在土壤中容易腐烂损失。

表 4-2　湖南山核桃种子干燥失水后对其发芽率的影响

种子的水分状态与发芽率和发芽势	播种后天数/d							
	10	20	30	40	50	60	70	80
脱水干燥种子的发芽率/%	0.00	0.00	0.00	0.00	0.00	0.00	0.00	0.00
脱水干燥种子的发芽势/%	0.00	0.00	0.00	0.00	0.00	0.00	0.00	0.00
未脱水种子的发芽率/%	3.40	12.34	20.83	41.12	51.58	56.71	68.40	68.40
未脱水种子的发芽势/%	3.40	8.94	8.49	20.29	10.46	5.13	11.69	0.00

在试验中观察到，湖南山核桃种子具有多胚性，有的种子发芽时，同时出现 2 个和更多的胚芽和胚根(图 4-3)，这种情况能够形成多个实生苗。未脱水的种子直接播种后多胚种率为 64.5%，其中 2 个胚芽的种子比例为 73.4%，3 个胚芽的种子占 26.6%。

(二)保湿冷藏对脱水和未脱水种子萌发特性的影响

苹果、梨、葡萄、桃、李、杏、猕猴桃、核桃等树种的种子属于非顽拗性种子，有明显的种子休眠特性，播种前必须将种子吸水后进行一段时间的低温冷藏层积处理才能发芽。这一过程降解了内种皮上抑制发芽的休眠激素脱落酸(ABA)，使这些种子的休眠得以解除，发芽的生理机制得以启动。为了探究湖南山核桃脱水种子重新复水后给予低温条件是否能重新获得发芽能力，同时寻找新鲜种子保持的有效条件和方法，2007 年我们研究比较了不同时间的保湿冷藏对脱水种子和未脱水种子发芽特性的影响。

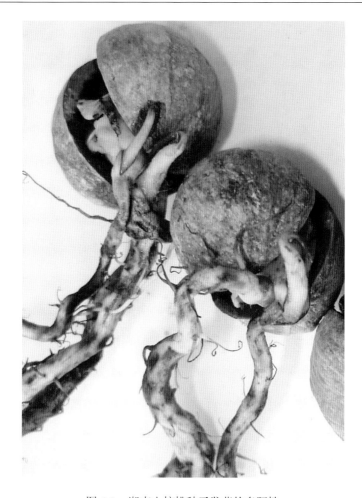

图 4-3　湖南山核桃种子发芽的多胚性

　　试验设置了未脱水种子直接播种、脱水种子。直接播种、未脱水种子和脱水种子分别进行低温保湿冷藏后 20d、40d、60d、80d、100d、120d 播种的 14 个处理。每个处理播种 200 粒，重复 3 次。种子保湿冷藏的方法是，用湿润河沙与种子混合后，置于 3℃低温库内保湿冷藏，每周翻动 3 次，随时检查河沙湿度和补充水分。脱水种子通过晾晒自然脱水，种子的含水量降至 3%时再用自来水冲泡 3d 使其重新吸水，然后与湿润河沙混合后进行保湿冷藏。播种的基质为 1∶1 的蛭石与腐殖土。种子播种在人工气候室内，室温 25℃，空气相对湿度 90±5%，播种基质的相对含水量控制在 65±5%。各个处理播种后每隔 5d 取出种子观察统计一次种子的发芽率、发芽势和多胚种率。

　　试验结果如表 4-3 所示，脱水干燥的种子无论进行多长时间的保湿冷藏，种子都不发芽，这一试验结果再次证实湖南山核桃种子具有失水后发芽率丧失的生物学特性，同时也证实种子没有休眠特性。未脱水种子经保湿冷藏 20d、40d 播种后，种子发芽率最高，分别到 93.81%、94.67%，随保湿冷藏时间的延长和播种时间的推迟，种子的发芽率极显著降低。由此可见，保湿冷藏能够在较短的时间内延长湖南山核桃种子的寿命，同时也能够提高发芽率，但保湿冷藏时间超过 40d，种子的发芽率会逐渐降低。

表 4-3　保湿冷藏对脱水干燥和未脱水的湖南山核桃种子发芽特性的影响

播种时期	发芽率/%	多胚种率/%	不同时期的发芽势/%							
			5d	10d	15d	20d	25d	30d	35d	40d
未脱水种子直接播种	41.12 e	64.52 c	0	3.40	5.29	13.65	4.12	4.37	8.08	12.21
脱水种子直接播种	0.0	0.0	0.0	0.0	0.0	0.0	0.0	0.0	0.0	0.0
未脱水种子保湿冷藏 20d 后	93.81a	86.71 b	4.32	34.52	29.52	11.47	6.58	2.60	2.15	2.65
脱水种子保湿冷藏 20d 后	0.0	0.0	0.0	0.0	0.0	0.0	0.0	0.0	0.0	0.0
未脱水种子保湿冷藏 40d 后	94.67a	92.30 a	4.51	35.50	27.60	13.42	7.91	3.44	2.29	0.0
脱水种子保湿冷藏 40d 后	0.0	0.0	0.0	0.0	0.0	0.0	0.0	0.0	0.0	0.0
未脱水种子保湿冷藏 60d 后	85.55 b	94.23 a	4.76	19.22	20.39	24.48	6.67	4.63	5.40	0.0
脱水种子保湿冷藏 60d 后	0.0	0.0	0.0	0.0	0.0	0.0	0.0	0.0	0.0	0.0
未脱水种子保湿冷藏 80d 后	71.19c	93.84 a	4.01	15.04	14.11	29.81	3.10	2.32	2.80	0.0
脱水种子保湿冷藏 80d 后	0.0	0.0	0.0	0.0	0.0	0.0	0.0	0.0	0.0	0.0
未脱水种子保湿冷藏 100d 后	56.42d	92.30 a	3.21	12.63	22.62	7.72	4.85	3.67	1.72	0.0
脱水种子保湿冷藏 100d 后	0.0	0.0	0.0	0.0	0.0	0.0	0.0	0.0	0.0	0.0
未脱水种子保湿冷藏 120d 后	32.80f	91.63 a	2.95	6.89	7.31	8.23	3.05	2.66	1.71	0.0
脱水种子保湿冷藏 120d 后	0.0	0.0	0.0	0.0	0.0	0.0	0.0	0.0	0.0	0.0

注：数据多重比较采用邓肯新复极差检验，不同字母表示差异达到 0.05 的显著水平

表 4-3 显示，未脱水种子保湿冷藏 120d 后播种的发芽率只有 32.8%，因此，在湖南山核桃种苗繁育工作中，种子采集后不宜干燥保存，应及时播种，若不能及时播种需保存的，也应采用保湿冷藏的方法，且时间不宜超过 60d，最好控制在 40d 以内。

结合表 4-2 和表 4-3 可看出，虽然未脱水种子直接播种 40d 后的发芽率占有 41.12%，但我们观察到播种 40d 后仍有部分种子能够继续发芽，而保湿冷藏 40d 以上的未脱水种子，播种 40d 以后种子不再继续发芽了，说明保湿冷藏只能在一定时间内延长种子的寿命。从表 4-3 还可以看出，未脱水的种子保湿冷藏后，播种后的第 10d 和第 20d 的发芽势都较高，而未脱水的种子直接播种后同期的发芽势都较低，一直要到播种后的 35d 以后，种子的发芽势才有较明显的提高，说明保湿冷藏有促进种子快速萌发的作用。

湖南山核桃种子具有多胚性，保湿冷藏增加了未脱水种子多胚苗种的比例，这可能与保湿冷藏促进种子胚的"后熟"发育有关。表 4-3 显示，直接播种的未脱水种子多胚种率最低，为 64.52%，保湿冷藏 20d 以上后，未脱水种子的多胚种率显著提高，其中保湿冷藏 40d 以上的多胚种率达 91.63% 至 94.23%。

三、不冷藏和冷藏的种子播种后种子的养分和内源激素变化

未脱水的湖南山核桃种子直接播种或保湿冷藏后播种都能够发芽，但发芽势的差异很大，这种差异肯定有各自的生理背景。通常，种子在发芽过程中的内源激素首先发生变化，从而对种子的大分子养分物质的代谢产生调控。未脱水的湖南山核桃种子或保湿冷藏后的湖南山核桃种子，它们的生理状况和在萌发过程中究竟发生了哪些事件事先不得而知，对这些事件的了解有助于探究湖南山核桃种子萌发的生理行为和揭示种子顽拗性的生理学

机制。为此，我们将湖南山核桃种子采收后分为两组，一组将未脱水的种子立即进行播种，另一组将未脱水种子在 3℃条件下保湿冷藏 20d 后播种。播种在人工气候室进行，室温控制在 25℃，空气相对湿度 85%，播种基质为 1∶1 的蛭石和腐殖土，基质相对含水量控制在 65±5%。从播种的当天开始，每隔 5d 分别取 10 粒种子的子叶（种仁）烘干、研磨后用索氏法测定脂肪含量，用双缩脲法测定蛋白质含量，用盐酸水解旋光仪法测定淀粉含量，用蒽酮比色法测定水溶性总糖含量；同时每隔 5d 分别取 10 粒种子，将种子的子叶、胚芽和胚根分别取 1g 鲜样研磨混匀后，再取 0.5g 样品用冷甲醇浸提内源激素后置于超低温冰箱中保存，待播种后第 40d 完成取样后，用酶联免疫法测定其中的 GA_{4+7}、ZR_S、IAA、ABA 的含量。

（一）种子萌发过程中子叶内养分物质的含量变化

1. 子叶中脂肪含量的变化

图 4-4 显示，未脱水的种子无论是否进行保湿冷藏，播种后 40d 内种子子叶中的脂肪含量都是持续降低的，这是种子萌发过程中脂肪发生水解反应的响应结果。从图 4-4 还看出，未脱水保湿冷藏 20d 的种子，播种前脂肪的含量明显比未冷藏的低，说明种子在保湿冷藏过程中脂肪已经发生降解。保湿冷藏 20d 的种子播种后的第 10d，脂肪的含量由播种前的 47.03%下降到 24.01%，到第 15d 降到 9.64%，以后的时间降低的速度变得缓慢。而同样是播种后的第 10d，未脱水直接播种的种子中脂肪含量降低的速度却没有这样快，迅速下降期明显滞后 5～10d。这一结果表明，未脱水种子保湿冷藏 20d 后，促进脂肪趋于发芽的生理生化代谢的作用要比未脱水直接播种的种子强得多，说明通过保湿冷藏的种子一旦获得适宜的温度条件后，与种子萌发相关的脂肪降解代谢生理生化响应能够更快地启动。到播种后第 40d，种子子叶中的脂肪含量降至很低，未脱水直接播种的脂肪含量为 6.23%，保湿冷藏 20d 后播种的仅 3.09%。

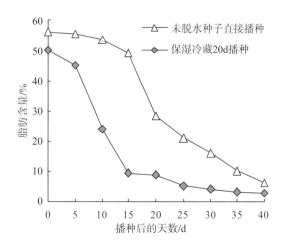

图 4-4　湖南山核桃未脱水种子直接播种和保湿冷藏 20d
的种子播种后在萌发过程中的脂肪含量变化

2. 子叶中淀粉含量的变化

种子发芽过程中淀粉的水解也是一个重要的规律性生理生化事件，在这一事件中种子获得了更多的呼吸代谢和养分物质转化的底物及能量。从图 4-5 看出，未脱水直播和保湿冷藏 20d 后播种的种子，在 40d 内种子子叶中的淀粉含量的降低趋势与脂肪的是基本类似的。在播种后的 10d 内，未脱水直播的种子子叶中淀粉含量降低的速度却慢得多，由 3.20%降至 3.05%，降幅度很小，在播种后 15～25d，淀粉含量才陡然降低。而保湿冷藏 20d 播种的种子，10d 内子叶中淀粉的含量由播前的 2.36%急剧下降到 0.43%。上述两种情况的淀粉含量迅速下降时期与种子的发芽势增大是有关联的，在播种后的 15～25d，未脱水直播的种子发芽势才有较快的提高，而保湿冷藏 20d 播种的种子，播种后第 10d 种子的发芽势就能达到最高(34.52%)，说明种子快速发芽时期也是其中的淀粉大量水解的时期，保湿冷藏后播种的种子中淀粉水解的启动更早更快。

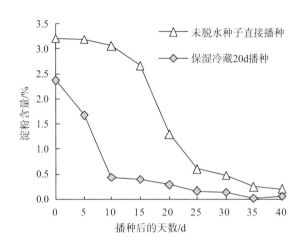

图 4-5　湖南山核桃未脱水种子直接播种和保湿冷藏 20d
的种子播种后在萌发过程中的淀粉含量变化

3. 子叶中蛋白质含量的变化

从图 4-6 看出，未脱水直接播种的种子，在播种后 15d 内子叶中的蛋白质含量下降的幅度没有保湿冷藏 20d 后播种的快。在保湿冷藏 20d 后播种的种子子叶中，蛋白质含量从第 5d 开始就急剧下降，到第 20d 降至最低，含量从 7.43%降至 1.20%，第 20d 后子叶中的蛋白质含量又缓慢上升，其生理生化原因有待进一步研究解析。未脱水直接播种的种子子叶中蛋白质迅速降低的时间比保湿冷藏 20d 后播种的晚了近 10d，到播种后第 35d 降至最低，为 1.45%，之后又有所升高。蛋白质含量降低是其水解生化反应的结果，这一生化过程为种子的发芽提供了可利用的无机氮营养。

4. 子叶中可溶性总糖的含量变化

在播种后的 40d 内，在未脱水直接播种的种子子叶中，可溶性总糖的含量变化是一种持续增加的趋势(图 4-7)，在第 15～25d，子叶中可溶性总糖的含量增加较快，而同期子叶中的淀粉含量下降得也快，说明增加的可溶性总糖直接由淀粉水解而来。然而保湿冷藏 20d 后播种的种子子叶中的可溶性总糖含量的变化很特殊，在播种时可溶性总糖含量就比未脱水直接播种种子的高，前者为 5.10%，后者为 3.48%。说明在播种前的保湿冷藏过程中种子子叶内的淀粉已经开始大量降解，可溶性总糖含量已经大量增加。从图 4-5 和图 4-7 看出，到播种后第 10d，保湿冷藏 20d 的种子中的淀粉含量达到最大，而同期可溶性总糖含量最高，达到了 12.30%。保湿冷藏 20d 后播种的种子，到第 10d 后子叶中可溶性总糖含量急剧下降，这是种子发芽生长大量消耗碳水化合物的结果。

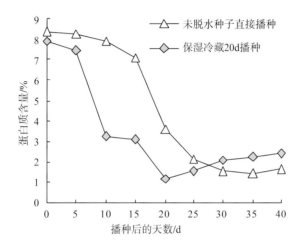

图 4-6　湖南山核桃未脱水种子直接播种和保湿冷藏 20d
的种子播种后在萌发过程中蛋白质含量变化

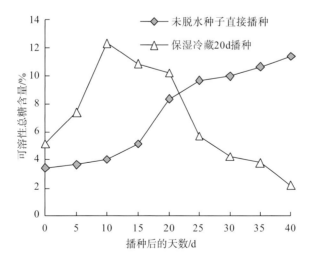

图 4-7　湖南山核桃未脱水种子直接播种和保湿冷藏 20d
的种子播种后在萌发过程中可溶性总糖的含量变化

(二)种子萌发过程中内源激素的含量变化

经典的植物内源激素包括生长素(IAA)、赤霉素(GA)、细胞分裂素(CTK)、脱落酸(ABA)、乙烯(ETH)和油菜素甾醇(BR)，这些内源激素参与了植物生长发育过程和种子休眠与萌发的调控(Weyers et al.，2001)。大量研究表明，ABA 和 GA 在种子的休眠与萌发过程中具有决定性的作用，ABA 能够抑制种子的萌发而促进其休眠，而 GA 与 ABA 相互间具有拮抗作用(Shu et al.，2016)，GA 能够打破种子的休眠，促进种子的萌发。IAA 也参与种子的休眠过程，因此 IAA 是除 ABA 之外能够促进种子休眠的植物激素，很多研究都证实了 IAA 与 ABA 共同诱导和维持着种子的休眠(于敏等，2016)。CTK 与 ABA 相互拮抗，CTK 具有促进植物种子解除休眠和促进种子萌发的作用。ABA 可以抑制 GA 对种子休眠的解除作用，而这种抑制效应可被 CTK 解除，因此 CTK 又被人们认为是 GA 在种子休眠与萌发过程中发挥生物学功能的"许可因子"(于敏等，2016)。BR 可能通过拮抗 ABA 来促进种子萌发(Steber et al.，2001)。

湖南山核桃未脱水种子直接播种和进行保湿冷藏 20d 播种后，在不同时间内种子中的内源激素含量存在明显差异，对其进一步的解析有助于揭示湖南山核桃种子萌发的生理学特性，为确定其种子是否具有休眠特性提供科学依据。

1. ABA 含量的变化

存在于种皮上的 ABA 抑制种子的发芽，使种子保持休眠。清除 ABA 打破种子休眠的方法通常用在低温、通气和保湿条件下进行层积处理，这种方法能够使种皮上的 ABA 降解，从而解除对发芽的抑制。图 4-8 显示，不经保湿冷藏的未脱水种子直接播种在 25℃ 的条件下，5d 内种子中的 ABA 含量就开始缓慢降低，第 5d 从初始含量的 $3.53nmol·g^{-1}FW$ 降至 $3.45nmol·g^{-1}FW$，第 10d 降至 $3.25nmol·g^{-1}FW$，到第 10d 至第 15d，种子中 ABA 含量才急剧降低，到第 15d 降至 $1.28nmol·g^{-1}FW$，说明在这一时段内 ABA 在快速降解，第 15d 之后 ABA 的含量一直处于缓慢降低状态。上述结果说明了两个问题，一是在湖南山核桃这种顽拗性种子中仍然有 ABA 的存在，二是未脱水的湖南山核桃种子中 ABA 在没有低温的条件下也有被降解的可能，这种生理特性在正常型休眠种子中是没有的，即正常型休眠种子不经低温处理直接播种在适宜种子发芽的温度条件下，种子中的 ABA 不可能降解。虽然目前对引起湖南山核桃种子中 ABA 降解的生理及分子机理尚不清楚，但这种行为一定与顽拗型种子没有休眠的特性密切关联，也许顽拗型种子解除 ABA 对发芽抑制作用的机制与正常型种子不同。

我们在试验中注意到，湖南山核桃种子采收后不脱水直接播种，种子很快能够发芽，在播种时种子中 ABA 的含量达到了 $3.53nmol·g^{-1}FW$。尽管有 ABA 的存在，但并没影响湖南山核桃种子发芽。很多研究证明，种子是保持休眠还是萌发状态取决于种子对 ABA 的敏感性而非种子中 ABA 的含量，而种子对 ABA 的敏感性又与体内 ABA 的生物合成和代谢平衡相关(Ni et al.，1992；Schmitz et al.，2002；Feurtado et al.，2007)。决定种子的休眠或萌发还取决于 ABA 与 GA 的相互平衡，在高 GA 含量和低 ABA 含量的状况下，种子的生理行为趋于萌发(李宗霆等，1996；于敏等，2016；江玲等，2007)。在刚采收的湖南山核桃种子的子叶中，GA_{4+7} 的含量(6.21nmol·g^{-1}FW)比 ABA 的含量(3.53nmol·g^{-1}FW)高了将近 1 倍，这一结果使 GA_{4+7} 与 ABA 的含量比值增大，这种生理特征与湖南山核桃种子没有休眠特性密切相关。

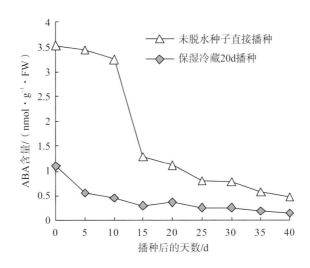

图 4-8　湖南山核桃未脱水种子直接播种和保湿冷藏 20d
的种子播种后在萌发过程中 ABA 的含量变化

从图 4-8 还看出，未脱水保湿冷藏 20d 后播种的种子中，ABA 的初始含量仅仅为 1.10nmol·g^{-1}FW，比未脱水直接播种的初始含量低了 2/3 以上，说明通过 20d 的保湿冷藏过程，种子中大量的 ABA 已经降解。由此可见低温对湖南山核桃种子中的 ABA 也有明显的降解作用。

2. GA 含量的变化

GA 能够打破种子休眠，促进种子的萌发。从图 4-9 看出，在未脱水保湿冷藏 20d 后播种的种子中，从一开始 GA_{4+7} 的初始含量就达到 9.43nmol·g^{-1}FW，在以后的时间始终比未脱水直接播种种子中的高，表明在保湿冷藏过程中，种子中的 GA_{4+7} 已经大量合成，到播种后 15d GA_{4+7} 含量从播种时的 9.43nmol·g^{-1}FW 增加到 23.95nmol·g^{-1}FW，之后 GA_{4+7} 含量维持在 23.20～24.14nmol·g^{-1}FW。这种高水平的 GA_{4+7} 含量状态对于促进种子发芽至关重要。

未脱水种子不经保湿冷藏播种后，在种子发芽过程中 GA_{4+7} 的含量明显比保湿冷藏的滞后，GA_{4+7} 的含量在播种后第 30d 才达到最大，为 22.31nmol·g^{-1}FW。而未经保湿冷藏的种子播种后发芽晚了 5d 与 GA_{4+7} 含量增加较慢密切相关。

结合图 4-9 和图 4-5 可以看出，在发芽期内两种处理的种子中 GA_{4+7} 含量的增加与种子子叶中淀粉含量降低存在明显的负相关趋势，这与 GA_{4+7} 含量增加后淀粉酶活性增强进而促进淀粉的水解有关。

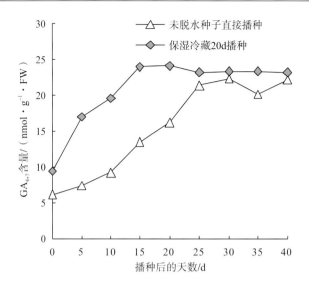

图 4-9　湖南山核桃未脱水种子直接播种和保湿冷藏 20d
的种子播种后在萌发过程中 GA_{4+7} 的含量变化

3. CTK 含量的变化

玉米素核苷(ZRs)是细胞分裂素(CTK)家族中重要的一类。图 4-10 显示，将未脱水的种子和保湿冷藏 20d 后的种子播种后，未脱水种子中初始期的 ZRs 含量只有 $2.34\text{nmol·g}^{-1}\text{FW}$，而保湿冷藏 20d 后播种的种子中 ZRs 含量高达 $6.30\text{nmol·g}^{-1}\text{FW}$。在播种后的 15d 内，保湿冷藏 20d 后播种的种子中 ZRs 含量达到最高，为 $17.43\text{nmol·g}^{-1}\text{FW}$，以后在 $14.0 \sim 16.80\text{nmol·g}^{-1}\text{FW}$ 呈现小幅度的波动。而未脱水直接播种的种子中，在播种后 30d 内 ZRs 的含量才从初始期的 $2.34\text{nmol·g}^{-1}\text{FW}$ 增加到最高($17.63\text{nmol·g}^{-1}\text{FW}$)，之后也是在 $15.44 \sim 17.61\text{nmol·g}^{-1}\text{FW}$ 呈现小幅度的波动。

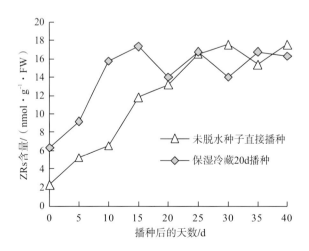

图 4-10　湖南山核桃未脱水种子直接播种和保湿冷藏
20d 的种子播种后在萌发过程中 ZRs 的含量变化

结合图 4-9 可以看出，在种子发芽过程中这两种处理的 ZRs 含量的变化趋势与 GA_{4+7} 含量的变化趋势是类似的，这种相同的变化趋势可能与 GA_{4+7} 和 ZRs 协同解除 ABA 对湖南山核桃种子萌发的抑制作用有关。因为 ABA 可以抑制 GA 对种子休眠的解除作用，而这种抑制效应可被 CTK 解除(于敏等，2016)。

4. IAA 含量的变化

图 4-11 显示，保湿冷藏 20d 的种子播种后，初始期种子中 IAA 的含量已经很高，达到 $12.30 nmol·g^{-1}FW$，在这之后的 40d 内，种子中的 IAA 含量一直在 $13.61 \sim 16.49 nmol·g^{-1}FW$，变化幅度不大。

在未脱水直接播种的种子中，初始期 IAA 的含量为 $8.39 nmol·g^{-1}FW$，到播种后的 30d 内，IAA 含量一直持续增加，到第 30d 达到 $15.64 nmol·g^{-1}FW$，之后的 10d 内有很小的减少。虽然 IAA 能与 ABA 共同诱导和维持种子的休眠(于敏等，2016)，但联想到两种处理播种后湖南山核桃种子很快发芽的事件，IAA 含量增加并没有起到参与 ABA 共同诱导和维持种子休眠的作用。在播种后湖南山核桃种子中增加的 IAA 可能来自正在生长的胚根和胚芽，即胚根和胚芽的生长需要 IAA 的参与和协同作用。

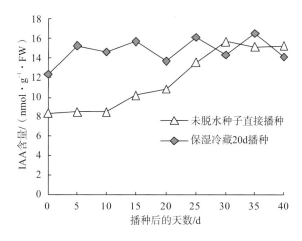

图 4-11　湖南山核桃未脱水种子直接播种和保湿冷藏 20d
的种子播种后在萌发过程中 IAA 的含量变化

第 3 节　湖南山核桃的需水特性及抗旱性

果树的需水特性是植物对生态环境的适应性及其在生长发育过程中对水分需求的重要反映，研究果树的需水特性具有重要的生态学和生理学意义。长期以来，人们研究果树的需水特性更多是关注水分亏缺条件下对生长、产量、品质及其相关生理过程的影响。果树的蒸腾作用、CO_2 的同化及其他生理代谢、养分物质的运输和器官建造等过程都需要消耗大量的水分，其中蒸腾作用消耗的水分量最大。太阳辐射、大气湿度及温度、风速、空气饱和水气压差、降雨等因素的变化时刻都对蒸腾作用产生着影响，由于影响果树水分需求的因素十分复杂，因此很难精准确定果树需水的具体量化指标。但是有一点可以肯定，果树地上部需要的水都是通过树干向上输送的，树干中水分液流量的大小与水分消耗的多少是正相关的，因此可以用水分在树干中的茎流速率大小来判断果树不同生长期对水分的需求规律。

一、湖南山核桃的需水特性

(一) 不同物候期的树干树液流动速率

2007～2008 年，我们在贵州榕江选择 12 年生湖南山核桃树，用美国 Dynamax 公司的 TDP 插针式热耗散植物茎流测定系统对不同物候期的树干液流速率进行测定。在测定时，在各物候期中连续 3d 用茎流仪测定树干液流速率，以树干液流速率峰值出现时的平均值代表各物候期树液流动速率。

表 4-4 是贵州榕江湖南山核桃不同物候期的起始时期和树干液流速率峰值出现的时间。从表 4-4 看出，在不同物候期中，树干液流峰值出现的时间有较大差异。在冬季休眠期，树干液流峰值出现的时间是在中午 14:00～14:30，在 2 月中旬树液开始流动期，树干液流峰值时间在中午 14:00～14:30。3 月下旬萌芽期树干液流峰值时间有所提前，是在中午的 13:00～14:00。4 月上旬进入新梢开始生长期，树干液流峰值时间再次提前到中午 12:00～13:00。5 月上旬进入新梢开始生长期，树干液流峰值时间是上午 10:00～11:00。6 月上旬和 7 月上旬，分别进入新梢停止生长期和果实迅速生长期后，树干液流峰值时间提前至上午的 9:30～10:00。6～7 月是盛夏季节，温度高，树冠叶片的蒸发量大，尤其是中午时间的温度很高，树干液流峰值出现的时间不是在中午而是在上午，这与中午叶片的气孔关闭限制水分蒸腾有关。进入果实成熟期后，在一天中树干液流峰值时间向后推迟。

表 4-4　贵州榕江地区湖南山核桃的各个物候期中树干液流峰值出现的时间

物候期	树液开始流动期	萌芽期	新梢开始生长期	新梢迅速生长期	新梢生长停止期	果实迅速生长期	果实成熟期	叶片衰老期	落叶期	休眠期
时期	2 月中旬	3 月下旬	4 月上旬	5 月上旬	6 月上旬	7 月上旬	9 月上旬	10 月上旬	11 月上旬	12 月上旬
峰值时间	14:00～15:00	13:00～14:00	12:00～13:00	10:00～11:00	9:30～10:00	9:30～10:00	11:00～12:00	12:00～13:00	16:00～16:30	14:00～14:30

图 4-12 显示，在不同物候期中，湖南山核桃树干的树液流动速率变化很大。在休眠期中，树干中树液的平均流动速率很小，为 3.14～4.12$g \cdot h^{-1}$，说明休眠期对水分的需求量不高。在 2 月中旬树液开始流动时，树干中树液的平均流动速率上升到 60.51$g \cdot h^{-1}$，进入 3 月下旬萌芽期，树液的平均流动速率大幅度提高到 263.71$g \cdot h^{-1}$，到新梢迅速生长期树液的平均流动速率达到全年最高，为 689.58$g \cdot h^{-1}$，说明这一时期湖南山核桃树体的水分流动速

率最大，树冠的水分蒸发量和需水量最大。到新梢停止生长期树液的平均流动速率有所回落，然而进入果实迅速生长期树液的平均流动速率再次升高至 501.86g·h^{-1}，这表明果实迅速生长期对水分有较大需求。进入果实成熟期后树液在树干中的平均流动速率逐渐降低，这种变化与需水量逐渐减少有关。

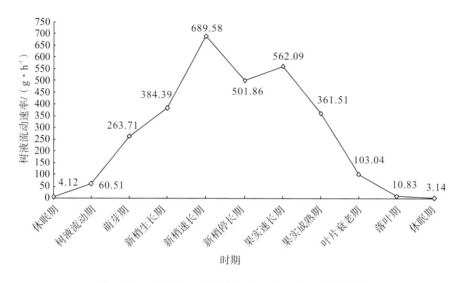

图 4-12　在不同物候期中湖南山核桃的树液流动速率

（二）在年周期中湖南山核桃对水分的需求规律

在水分通过树冠蒸发和在器官中被利用的同时，根系吸收土壤的水分并通过树干运输到树冠维持着树体的水分平衡。不同时期湖南山核桃的树液流动速率的大小变化反映出树体的水分需求规律。在春季，湖南山核桃树进入树液流动期后，需水量就逐渐增大，5 月上旬之后的新梢快速生长期，树液流动速率增大，这一时期湖南山核桃的需水量最大。6 月上旬新梢停止生长时，由于气温高，水分的蒸发量大，树体的水分需求量仍然较高，到果实快速生长期时，树液的流动速率再次增大，需水量出现第二次高峰，以后树体的需水量快速减小。

二、土壤干旱对湖南山核桃生长及生理和坚果产量及品质的影响

为了探究干旱对湖南山核桃树生长的影响，2003～2004 年，我们在贵州省果树工程技术研究中心盆栽场进行避雨控水干旱试验，供试树龄 4～5 年生，土壤为第四纪红色黏土母质发育的微酸性黄壤，土壤田间最大饱和持水量为 44.60%。试验树栽植容器为直径 60cm、高 65cm 的塑料缸，每缸栽植 1 株。试验树共 12 株，设置正常供水、轻度干旱胁迫后复水、中度干旱胁迫后复水和重度干旱胁迫后复水 4 个处理。每个处理 1 株，3 株重复。在 5 月初新梢刚进入迅速生长期时进行避雨控水干旱处理，用美国 Spectrum 公司的 TDR300 型土壤水分仪每天 15:00 监测持续干旱后的土壤含水量，确定湖南山核桃树在供

试土壤上的萎蔫系数，观察土壤水分达到轻度、中度和重度干旱胁迫程度时的叶片反应，同时分别取样测定叶片水分含量、光合特性、叶片细胞溶质及保护酶活性、营养元素含量、细胞膜透性、根系活力和叶片内源激素含量等相关生理指标。干旱处理达到轻度、中度和重度干旱胁迫程度的土壤相对含水量后，3 个处理分别在继续干旱 2d 后复水，观察复水后的生长反应和测定新梢的生长量。此外，在 2011～2015 年，我们在贵州锦屏地区对1999 年种植的湖南山核桃林地平均单株坚果产量及品质进行测定，同时收集当地气象部门 2011～2015 年的各月降水量数据，综合分析了季节性干旱对湖南山核桃坚果产量和质量的不利影响。

(一)土壤干旱胁迫后湖南山核桃叶片的表观反应

1. 湖南山核桃在微酸性黄壤上的叶片萎蔫系数

萎蔫系数是植物因缺水叶片发生萎蔫时的土壤含水量。在不同的土壤上植物的萎蔫系数是不同的。观察测定结果表明，在第四纪红色黏土母质发育的微酸性黄壤上，湖南山核桃的萎蔫系数为 15.11%，而在相同土壤上，不耐旱树种刺梨(*Rosa roxburghii*)的萎蔫系数为 22.7%(樊卫国等，2002)，表明湖南山核桃比刺梨耐旱。

2. 持续干旱条件下湖南山核桃叶片的表观反应

试验观察发现，在对湖南山核桃避雨停水后的第 3d，土壤相对含水量就降至50%±5%，这一水分含量相当于轻度干旱胁迫的土壤水分含量，此时叶片在 13:00～16:00时段出现了轻微的萎蔫，但在 17:00 以后能够恢复正常。到避雨停水后的第 6d，土壤相对含水量降至 40%±5%，相当于中度干旱胁迫的土壤水分含量状态，此时叶片在上午 10:00就出现萎蔫，12:00 以后萎蔫加重，到 14:00 以后叶片呈正面卷曲下垂状态，当日 22:00以后开始恢复，到次日 6:00 左右恢复正常。到持续干旱胁迫后的第 9d，土壤相对含水量降到 32.5%±5%，这已经相当于重度干旱胁迫的土壤水分含量，在这种干旱程度下，湖南山核桃的新梢表皮出现明显失水皱缩，叶片变褐，枯焦脱落。以上结果说明，随旱情的加重，湖南山核桃叶片受害的表观反应加重。

(二)土壤干旱对湖南山核桃新梢生长的影响

1. 干旱对新梢数量的影响

在 5 月初湖南山核桃新梢进入迅速生长期时，较重的干旱会减少新梢的数量，严重干旱会导致大量新梢枯死。表 4-5 显示，在轻度干旱胁迫情况下，4 年生幼树单株的新梢数量为 93.71 个，正常供水(对照)单株为 95.38 个，相互间差异不显著。中度干旱胁迫的植株上部分新梢枯死，单株新梢数量比对照减少了 24.33 个，与对照的差异达到显著水平($P<0.05$)。干旱发生后土壤水分持续降至重度干旱胁迫程度状态，新梢及 1 年生枝全部枯死，部分 2 年生枝也枯死，复水后只能从主枝或主干上重新萌发少量新梢。

2. 干旱对新梢生长的影响

遭受不同程度的干旱后，即便干旱得以解除，湖南山核桃新梢的生长都会受到严重抑制。从表 4-5 看出，轻度干旱胁迫的植株复水 6d 后，新梢才恢复生长，新梢停止生长后，其长度和直径分别为 12.10cm 和 6.58mm，显著小于对照。达到中度干旱胁迫的程度后，即便旱情得以解除，植株的新梢生长也要在复水 15d 后才开始缓慢恢复，在此过程中有一部分新梢枯死，成活新梢的长度和直径分别为 7.39cm 和 5.14mm，与对照和轻度干旱胁迫后复水的处理差异达到显著水平($P<0.05$)。持续干旱胁迫 9d 以上遭受重度干旱胁迫的植株，复水后虽然植株没有死亡，但全部新梢及 1 年生枝和部分 2 年生枝陆续枯死，复水 28d 后才从主枝和主干上重新萌发抽生少量细弱的新梢。

表 4-5　不同程度的土壤干旱胁迫对湖南山核桃幼树新梢生长的影响

处　　理	新梢数量 /(个·株$^{-1}$)	新梢长度 /cm	新梢直径 /mm	复水后恢复生长的情况
至轻度干旱后 2d 复水	93.71±2.50 a	12.10±3.58 b	6.58±0.20 b	复水 6d 后恢复生长
至中度干旱后 2d 复水	71.05±1.03 b	7.39±0.28 c	5.14±0.12 c	少量新梢枯死，复水 15d 后恢复缓慢生长
至重度干旱后 2d 复水	19.13±0.34 c	4.24±0.30 d	4.01±0.10 d	新梢及小枝枯死，复水 28d 后主枝上重新萌发新梢
正常供水(对照)	95.38±1.07 a	16.37±3.58 a	7.55±0.21 a	生长正常

注：除对照外，其他处理 5 月 4 日统一停水进行干旱，9 月 10 日测定上述新梢生长指标。不同小写字母表示处理间差异显著（$P<0.05$）

（三）季节性干旱对湖南山核桃坚果产量及品质的不利影响

2011～2015 年我们分别对贵州锦屏乌坡地区湖南山核桃的产量和品质进行了测定。测定林地定植于 1999 年，实生苗栽植，密度 27 株/亩，林地坡度大约 30º，砂页岩成土母质酸性黄壤，土壤 pH 5.3，页岩层向斜，易风化，土层厚度 40cm 左右。

表 4-6 是贵州锦屏地区近 5 年的降雨量情况。从中显示，2011 年和 2013 年该地区的降雨量差异很大，其中 2011 年的降雨量比这五年的平均值减少了 373.6mm，减少百分率为 28.6%，而 2013 年的年降雨量比平均值增加了 116.5mm。2011 年当地的气候特点是春旱和伏旱严重，从春季开始雨量一直比正常年份偏少，在 4 月至 5 月份开花期和新梢迅速生长期及幼果发育期的降雨量同比减少了 69.24%，7 月和 8 月的降雨量分别只有 27.4mm 和 54.6mm，只分别相当于常年同月的 23.40% 和 50.00%。2013 年当地春季和夏季与常年的较为接近，没有发生春旱和严重伏旱。在上述不同降雨量的两年中，该地区的湖南山核桃产量及坚果品质出现了极大差异。

表 4-6　贵州锦屏湖南山核桃产地 2011～2015 年的降雨量

| 年度 | 各月降雨量/mm | | | | | | | | | | | | 年降雨量/mm |
	1	2	3	4	5	6	7	8	9	10	11	12	
2011	48.0	37.0	53.4	52.5	170.4	187.9	27.4	54.6	53.4	186.6	47.0	154.5	932.7
2012	78.2	42.7	85.0	77.3	248.7	164.4	158.1	47.6	140.9	47.6	66.6	46.4	1203.5
2013	21.3	35.6	198.1	206.0	290.6	207.8	71.0	98.9	188.2	43.8	71.8	53.6	1422.8
2014	16.2	48.9	111.0	125.7	218.1	245.9	164.9	108.5	56.2	116.9	133.0	22.6	1367.9
2015	53.5	84.1	43.6	49.4	221.8	292.6	155.5	236.4	141.0	112.3	108.7	105.8	1604.7
平均	43.4	49.7	98.2	102.2	229.9	219.7	115.4	109.2	115.9	101.4	85.4	76.6	1306.3

1. 干旱对坚果产量的影响

干旱对湖南山核桃的果实产量有严重不利影响。表 4-7 显示,在同一林地不同降雨量年份中,湖南山核桃坚果产量的差异极大。2011 年贵州锦屏乌坡地区遭受严重春旱和伏旱,该地区湖南山核桃单株坚果产量、单位面积产量、坚果单果重比未出现严重春旱和伏旱的 2013 年分别减少了 4.34kg·株$^{-1}$、117.17kg·667m^{-2} 和 2.66g。2011 年 4 月至 5 月的春旱严重,使湖南山核桃整个开花期缩短不足 5d,部分雄花序在开花前就已经脱落,影响了正常的授粉受精,加剧了幼果期落果,未脱落的果实发育到 7 月初虽然坚果壳(中果皮)已经硬化形成,由于 7 月至 8 月遭受严重伏旱,抑制了坚果种仁(子叶)的发育,形成空室瘪籽。因此,2011 年的严重春旱和伏旱是增加湖南山核桃坚果瘪籽率和降低其产量的重要原因。

表 4-7　2011 年和 2013 年贵州锦屏乌坡湖南山核桃坚果产量及品质状况

年度	单株坚果产量/(kg·株$^{-1}$)	单位面积产量/(kg·667m^{-2})	坚果重/(g·单果$^{-1}$)	瘪籽百分率/%	出仁率/%	种仁粗蛋白含量/%	种仁粗脂肪含量/%
2011 年	3.07	82.89	3.91	54.27	20.04	4.57	28.34
2013 年	7.41	200.07	6.57	3.16	43.38	8.31	57.99

注:2011 年发生严重春旱和伏旱,2013 年未发生严重干旱;瘪籽为种仁发育不全的坚果

湖南山核桃坚果出现空室瘪籽的严重程度因伏旱出现早迟而异,图 4-13 的上图和中图分别是从 7 月中旬和下旬起遭受持续严重伏旱后坚果出现空室的状况,7 月中旬出现伏旱的,坚果内的子叶在形成"浆状体"前其发育就已经停止,形成完全的空室;7 月下旬出现伏旱的,坚果内子叶的"浆状体"正在形成,伏旱迫使其发育终止,形成的空室中可见到明显的子叶残体。

图 4-13 果实发育中后期遭受严重伏旱后形成的空室瘪籽坚果

上图：7 月中旬子叶发育初期遭受严重伏旱后形成的空室坚果

中图：7 月下旬子叶发育中期遭受严重伏旱后形成的空室坚果

下图：未遭受干旱发育的正常坚果

2. 干旱对坚果品质的影响

干旱严重降低了湖南山核桃坚果的品质。蛋白质和脂肪是湖南山核桃坚果最重要的营养品质指标。夏季是湖南山核桃坚果品质形成的关键时期，在 7～8 月，伴随坚果中的子叶迅速发育，糖类、脂肪及蛋白质也在其中迅速积累，干旱会阻碍这些生理生化过程，轻者造成坚果种仁不饱满，重者导致瘪籽空壳。表 4-7 显示，2011 年贵州锦屏遭受伏旱的湖南山核桃，坚果的瘪籽率高达 54.27%，约是正常年份的 17 倍，坚果的出仁率也从正常年份的 43.38% 降至 20.04%，不足正常年份的 1/2，种仁中的粗蛋白也从正常年份的 8.31% 大幅度地降至 4.57%，粗脂肪含量也很低，仅仅只是正常年份的 50% 左右。由此可见，湖南山核桃果实发育中后期遭受严重伏旱对其品质会产生极其不利的影响。

(四)干旱胁迫对湖南山核桃的生理影响

1. 干旱胁迫对叶水势及叶片表观的影响

土壤干旱会降低树体内的正常水分含量,引起叶片水势的降低及叶片表观发生相应变化。叶片水势降低是植物应对干旱的重要生理响应,这种响应有助于增强自身的吸水能力,以此抵御干旱。表 4-8 是对湖南山核桃进行不同程度的土壤干旱胁迫后叶片水势及表观的变化状况。从中可以看出,随土壤相对含水量从 65%±5%(正常状态)不断降低,叶水势都呈显著下降的趋势。土壤水分相对含量在正常状态时叶片的水势为-0.78MPa,当土壤相对含水量降至 50%±5%(轻度干旱)时,叶水势降至-0.83MPa,此时叶片出现轻度萎蔫,叶片颜色基本正常;当土壤相对含水量降至 40%±5%(中度干旱)时,叶水势大幅度地降至-1.08MPa,此时叶片萎蔫严重,叶色灰暗,出现正面卷曲,边缘枯死,叶片出现脱落;当土壤相对含水量降至重度干旱胁迫状态时,叶水势降至-1.45MPa,大部分叶片变褐枯死。

表 4-8　不同土壤干旱程度对湖南山核桃叶片水势及表观特征的影响

土壤干旱程度	土壤相对含水量/%	叶水势/MPa	叶片表观特征
正常供水(对照)	65±5	-0.78 ± 0.01 aA	叶片舒展,表观正常
轻度干旱	50±5	-0.83 ± 0.01 bB	叶色基本正常,有轻度萎蔫
中度干旱	40±5	-1.08 ± 0.03 cC	叶色灰暗,卷曲,严重萎蔫,叶缘枯死,部分叶片脱落
重度干旱	32.5±5	-1.45 ± 0.07 dD	叶色变褐,大部分叶片枯死

注:数据多重比较采用邓肯新复极差检验,不同字母表示差异显著,大、小写字母分别表示达到 0.01 的极显著水平和 0.05 的显著水平

2. 干旱胁迫对光合作用的影响

(1)对光饱和点、光补偿点和净光合速率的影响

光饱和点和光补偿点分别反映了植物对强光和弱光的有效利用特性,而净光合速率是衡量植物同化 CO_2 能力的重要指标。

研究结果表明,干旱胁迫能够改变湖南山核桃的基本光合特性。表 4-9 显示,随着干旱胁迫程度的加重,湖南山核桃叶片的光饱和点和净光合速率(P_n)大幅度降低,而光补偿点则随之明显升高,说明遭受干旱后不仅严重抑制湖南山核桃叶片同化 CO_2 的能力,而且能够提高光补偿点和降低光饱和点,降低湖南山核桃叶片对弱光和强光的有效利用。

表 4-9　土壤干旱胁迫对湖南山核桃光合特性的影响

土壤干旱程度	光补偿点/(μmol·m⁻²·s⁻¹)	光饱和点/(μmol·m⁻²·s⁻¹)	净光合速率/(μmol CO_2·m⁻²·s⁻¹)
正常水分状态(对照)	72.95 ± 2.23 dD	1148.25 ± 14.33 aA	5.21 ± 0.04 aA
轻度干旱胁迫	83.79 ± 2.95 cC	716.76 ± 12.79 bB	3.86 ± 0.02 bB

续表

土壤干旱程度	光补偿点/($\mu mol\cdot m^{-2}\cdot s^{-1}$)	光饱和点/($\mu mol\cdot m^{-2}\cdot s^{-1}$)	净光合速率/($\mu mol\ CO_2\cdot m^{-2}\cdot s^{-1}$)
中度十旱胁迫	126.37 ± 1.22 bB	321.95 ± 6.11 cC	1.84 ± 0.03 cC
重度干旱胁迫	153.72 ± 1.11 aA	194.79 ± 1.88 dD	0.58 ± 0.03 dD

注：数据多重比较采用邓肯新复极差检验，不同字母表示差异显著，大、小写字母分别表示达到 0.01 的极显著水平和 0.05 的显著水平

(2)对光合色素含量的影响

干旱胁迫破坏了湖南山核桃叶片的叶绿素，使叶绿素 a、叶绿素 b 和叶绿素 a+b 的含量降低，从而减弱了叶片对光能的吸收、传递及能量的转化，这是湖南山核桃遭受干旱后叶片光合作用降低的重要原因。图 4-14 显示，随干旱程度的加重，叶绿素 a 和叶绿素 b 的含量显著降低。与正常供水的对照相比，不同干旱程度下叶绿素 a、叶绿素 b 和叶绿素 a+b 含量降低的水平都达到显著性差异水平（$P < 0.05$），相互间的差异也是显著的。

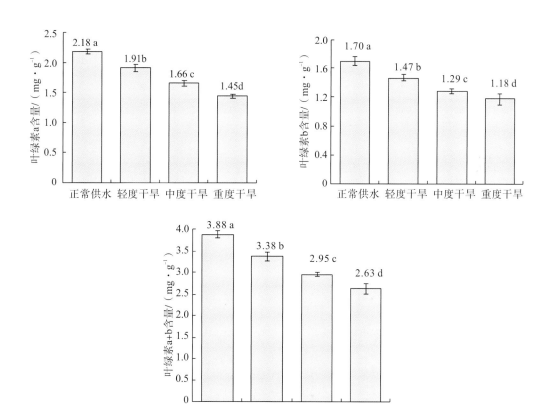

图 4-14　不同干旱胁迫条件下的叶绿素含量

从图 4-14 可以看出，随干旱胁迫程度的增强，叶片中叶绿素 a 含量的下降幅度比叶绿素 b 的大，说明叶绿素 a 对干旱胁迫的反应比叶绿素 b 更加敏感。

3. 对叶片细胞溶质和淀粉含量的影响

在植物组织中存在的葡萄糖和果糖等还原糖、蔗糖、脯氨酸、可溶性蛋白等重要细胞溶质，在遭受干旱胁迫时会作出主动响应，表现出其含量相应增加，以此增强组织应对干旱的渗透调节作用和主动吸水能力。表 4-10 显示，湖南山核桃遭受不同程度的土壤干旱胁迫后，叶片中还原糖、蔗糖、脯氨酸含量都呈极显著的增加趋势，这种变化趋势对于增强叶片的主动吸水有着重要作用，而淀粉含量却与此相反。叶片中淀粉含量下降说明干旱胁迫激活了淀粉酶的活性，从而使淀粉被分解为可溶性的小分子单糖(还原糖)和寡聚糖(蔗糖)，使叶片的渗透调节作用得到增强。

表 4-10   土壤干旱胁迫对湖南山核桃叶片细胞溶质及淀粉含量的影响

土壤干旱程度	还原糖 /(g·100g⁻¹DW)	蔗糖 /(g·100g⁻¹DW)	脯氨酸 /(g·100g⁻¹DW)	可溶性蛋白 /(mg·g⁻¹FW)	淀粉 /(g·100g⁻¹DW)
正常水分状态(对照)	3.35±0.03 dD	1.69±0.05 dD	0.01±0.001 dD	5.75±0.03 bB	1.31±0.03 aA
轻度干旱	3.95±0.04 cC	1.95±0.07 cC	0.08±0.003 cC	6.60±0.04 aA	1.01±0.02 bB
中度干旱	4.45±0.05 bB	2.80±0.08 aA	0.22±0.008 bB	6.67±0.02 aA	0.76±0.01 cC
重度干旱	5.56±0.07 aA	2.13±0.09 bB	0.65± 0.007 aA	3.38 ±0.03 cC	0.55±0.00 dD

注：数据多重比较采用邓肯新复极差检验，不同字母表示差异显著，大、小写字母分别表示达到 0.01 的极显著水平和 0.05 的显著水平

从表 4-10 还可以看到，在中度和重度干旱胁迫条件下，叶片中的脯氨酸含量分别增加至 $0.22g \cdot 100g^{-1}DW$ 和 $0.65g \cdot 100g^{-1}DW$，比对照增加了 21 倍和 64 倍，足以说明脯氨酸的响应在抵御干旱胁迫中扮演着十分重要的角色。叶片中可溶性蛋白含量在轻度和中度干旱胁迫时有所升高，分别达到 $6.60mg \cdot g^{-1}FW$ 和 $6.67mg \cdot g^{-1}FW$，与对照的差异达到极显著水平($P<0.01$)，但干旱程度达到重度胁迫时的可溶性蛋白含量却大幅地降低，只有 $3.38mg \cdot g^{-1}FW$，这种情况表明干旱进一步加重后可溶性蛋白的合成也会受到严重的抑制，同时说明可溶性蛋白应对干旱胁迫的响应及生理调整作用不如脯氨酸和还原糖。

4. 对叶片营养元素含量的影响

(1)对 N 含量的影响

干旱胁迫会造成湖南山核桃叶片中氮养分的损失。图 4-15 显示，在正常供水的对照和轻度胁迫的叶片中，氮含量分别为 $2.36g \cdot 100g^{-1}DW$ 和 $2.38g \cdot 100g^{-1}DW$，相互间差异不显著，而干旱加重至中度和重度胁迫程度时，叶片中氮含量分别大幅度降至 $1.80g \cdot 100g^{-1}DW$ 和 $1.16g \cdot 100g^{-1}DW$，二者与对照和轻度胁迫程度的氮含量差异都达到显著水平($P <0.05$)。干旱胁迫条件下湖南山核桃叶片中氮含量降低与 NO_3^- 和 NH_4^+ 的吸收与同化受到抑制有关。

（2）对 P 含量的影响

湖南山核桃遭受干旱胁迫后叶片中磷养分的损失也很严重。图 4-16 显示，随干旱程度的加重，叶片中的磷含量表现出显著降低的趋势，不同胁迫程度及对照间的差异都达到显著水平（P<0.05）。在正常供水条件下，叶片中磷的含量为 0.14g·100g⁻¹DW，出现轻度干旱时的磷含量降至 0.12g·100g⁻¹DW，出现中度和重度干旱时，磷含量分别降至 0.10g·100g⁻¹DW 和 0.06g·100g⁻¹DW，说明干旱加重后叶片中磷的损失更大。

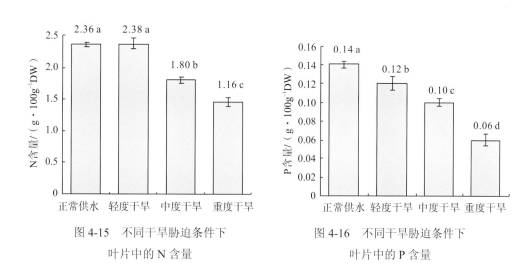

图 4-15　不同干旱胁迫条件下　　　图 4-16　不同干旱胁迫条件下
　　叶片中的 N 含量　　　　　　　　　叶片中的 P 含量

（3）对 K 含量的影响

K 是植物组织中唯一的非结构元素，在湖南山核桃叶片中的含量仅次于 Ca 和 N，移动性强。遭受干旱后引起湖南山核桃叶片的钾大量损失。图 4-17 显示，随干旱程度的加重，叶中的 K 含量表现出显著降低的趋势，不同胁迫程度及对照间的差异也都达到了显著水平（P <0.05）。

（4）对 Ca 含量的影响

Ca 是植物组织和细胞的重要结构元素，在植物体内有多种形态存在，其中 Ca⁺ 和 CaM（钙调素）在植物体内充当第二信使的作用，参与植物生长及众多重要生理的调控过程。植物吸收钙后，一旦形成组织的结构成分就不易在植物体内移动。植物体内钙的长距离运输主要发生在木质部，其运输的动力是蒸腾作用，即钙通过蒸腾水流移动。叶片是钙吸收竞争力较强的器官，除干旱会引起钙随蒸腾流向地上部位的运输受限外，缺氮也会限制钙进入叶片（曾骧，1992；周卫等，2007）。图 4-18 显示，随干旱胁迫大幅度降低了湖南山核桃叶片中的钙含量，在轻度、中度及重度干旱胁迫下钙含量比正常状态下的分别减少了 1.98g·100g⁻¹DW、4.34g·100g⁻¹DW 和 5.194.34g·100g⁻¹DW，其中，中度及重度干旱胁迫下钙含量不足正常供水条件下的 1/3 和 1/5。干旱降低湖南山核桃叶片中钙含量的作用如此之大，可能还与胁迫时间正处于新梢叶片迅速生长的时期有关，这一时期正处于叶片吸收钙的高峰期（迟焕星等，2012）。

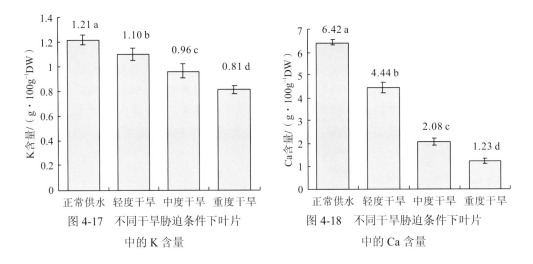

图 4-17　不同干旱胁迫条件下叶片
中的 K 含量

图 4-18　不同干旱胁迫条件下叶片
中的 Ca 含量

（5）对 Mg 含量的影响

图 4-19 显示，随干旱程度的加重，湖南山核桃叶片中的镁含量呈降低的趋势。轻度干旱时叶片中的镁含量与正常供水状态下的差异不显著，中度和重度干旱条件下的镁含量降低与正常供水状态下的差异达到显著水平（$P<0.05$），其中重度干旱胁迫条件下叶片中镁的含量仅仅相当于正常状态下的 50%。

（6）对 Fe 含量的影响

随干旱程度的加重，湖南山核桃叶片中的铁含量呈显著增加的趋势（图 4-20），但并不意味叶片在干旱条件下对铁的吸收量会增加。铁在植物体内是难以移动的元素，上述情况是叶片生长受到严重抑制产生的"浓缩效应"引起的。

（7）对 Mn 含量的影响

干旱胁迫降低了湖南山核桃叶片中的锰含量，图 4-21 显示，随干旱程度的加重，叶片中的锰含量呈降低的趋势，但轻度和中度干旱胁迫时叶片中锰的含量差异不显著，而在重度干旱胁迫时，锰的含量与轻度和中度干旱胁迫时的差异才达到显著水平。

（8）对 Zn 含量的影响

湖南山核桃叶片中锌的含量也随胁迫程度的加重而降低（图 4-22）。

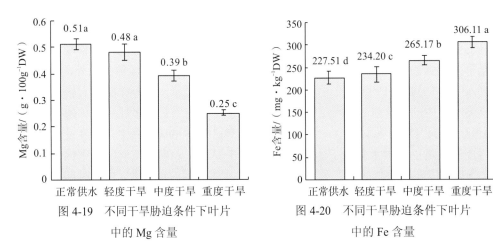

图 4-19　不同干旱胁迫条件下叶片
中的 Mg 含量

图 4-20　不同干旱胁迫条件下叶片
中的 Fe 含量

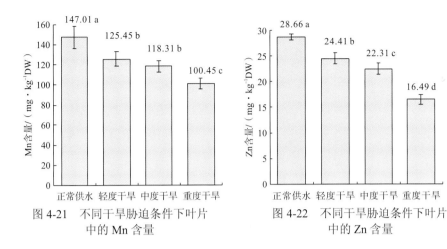

图 4-21　不同干旱胁迫条件下叶片
中的 Mn 含量

图 4-22　不同干旱胁迫条件下叶片
中的 Zn 含量

（9）对 Cu 含量的影响

在轻度干旱情况下，湖南山核桃叶片中铜的含量与正常状态下的差异不显著，说明轻度干旱对叶中铜的含量影响较小。从图 4-23 看出，干旱程度加重后对叶片铜含量的减少没有其他元素强烈。轻度和中度干旱时叶中铜的含量差异没有达到显著水平，而在重度干旱胁迫下，铜的含量降低幅度才有所加大。

（10）对 B 含量的影响

湖南山核桃叶片中硼的含量总体上随旱情加重而降低。图 4-24 显示，轻度和中度干旱时硼含量降低的水平与正常状态下的差异达到显著水平（$P<0.05$），但二者间差异不显著。在重度干旱胁迫下，硼含量降低的幅度很大，其含量不足正常状态下的 50%，说明重度干旱胁迫会严重抑制硼元素的吸收。

5. 对根系活力的影响

干旱胁迫严重降低了湖南山核桃的根系活力。图 4-25 显示，随旱情的加重，根系活力急剧减弱，中度干旱时根系活力接近正常状态的 50%，重度干旱时只相当于正常状态的 20%左右。在试验过程中观察发现，达到中度干旱胁迫时湖南山核桃的吸收根颜色变褐变深，重度干旱胁迫时大量吸收根死亡。

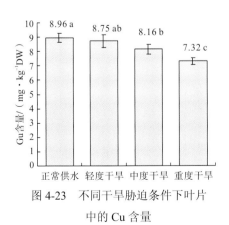

图 4-23　不同干旱胁迫条件下叶片
中的 Cu 含量

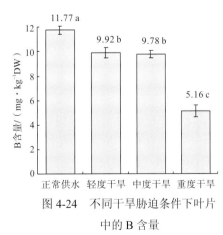

图 4-24　不同干旱胁迫条件下叶片
中的 B 含量

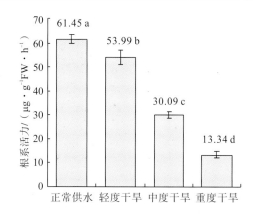

图 4-25　干旱胁迫程度加重后对湖南山核桃根系活力的影响

6. 对根、叶中硝酸还原酶(NR)、谷氨酰胺合成酶(GS)活性及总氮含量的影响

硝态氮(NO_3^-)和铵态氮(NH_4^+)是植物吸收的两种主要的氮素形态。植物根系吸收NO_3^-后，在根和叶中通过 NR 和亚硝酸还原酶(NiR)的作用将其还原为 NH_3 后进一步同化利用。吸收到根内的 NH_4^+ 在 GS 的作用下被合成谷氨酰胺运输到地上部进一步转化利用。因此，NR 和 GS 的活性强弱直接影响植物对氮的吸收与利用。

表 4-11 显示，在遭受干旱胁迫后，湖南山核桃根和叶中的 NR 和 GS 活性明显减弱，干旱胁迫的强度越大，NR 和 GS 活性越低，根和叶中的总氮含量也明显降低。由此可见，干旱会抑制湖南山核桃对氮的吸收，降低树体的氮营养水平。

表 4-11　土壤干旱胁迫对湖南山核桃根和叶中硝酸还原酶、谷氨酰胺合成酶及总氮含量的影响

土壤干旱程度	硝酸还原酶(NR) /(NO_2 μg·g^{-1}FW·h^{-1})		谷氨酰胺合成酶(GS) /(OD·mg^{-1}·h^{-1})		总氮含量 /%	
	根	叶	根	叶	根	叶
正常供水(对照)	65.48±3.14 a	49.36±2.92 a	4.14±0.03 a	2.54±0.04 a	1.03±0.06 a	2.36±0.14 a
轻度干旱	42.83±3.33 b	40.51±1.22 b	2.33±0.02 b	1.61±0.03 b	0.80±0.02 b	2.38±0.16 a
中度干旱	20.10±1.69 c	19.35±0.86 c	1.24±0.01c	0.83±0.02 c	0.42±0.01 c	1.80±0.10 b
重度干旱	9.84±0.51 d	8.39±0.71d	0.21±0.00 d	0.10±0.00 d	0.18±0.01 d	1.16±0.12 c

注：数据多重比较采用邓肯新复极差检验，不同字母表示差异达到 0.05 的显著水平

7. 对叶片细胞保护酶活性的影响

超氧化物歧化酶(SOD)、过氧化物酶(POD)和过氧化氢酶(CAT)是植物重要的细胞保护酶。处于逆境条件下植物会产生对细胞有伤害的活性氧自由基($O_2\cdot^-$)，SOD 是一个清除 $O_2\cdot^-$ 的关键酶，其作用是将 $O_2\cdot^-$ 歧化为 H_2O_2。POD 和 CAT 是植物抗氧化保护酶系统重要成员，其作用是进一步将 H_2O_2 还原为 H_2O，以免植物受到伤害。在植物遭受干旱胁迫时，SOD、CAT 和 POD 产生协同作用，使活性氧自由基维持在一个低水平状态，从而减轻干旱对植物的伤害。植物为了抵御干旱对自身的伤害，体内 SOD、POD 和 CAT 活性

都会增强，而且植物的抗旱力强弱与上述细胞保护酶的响应能力呈正相关（王建华等，1989；蒋明义等，1996；曹翠玲等，1996）。

从图 4-26 看出，在正常供水状态下湖南山核桃叶片的 SOD 活性较低，干旱胁迫强度增加至中度时达到最高，当水分胁迫程度加重至重度干旱时，SOD 活性大幅度减弱。CAT 活性变化规律与 SOD 的相似，但 POD 的活性响应呈现大幅度增加的趋势。上述结果表明湖南山核桃叶片中的 SOD、CAT 和 POD 对不同程度干旱胁迫的响应是不同的，在重度旱胁迫下 SOD 和 CAT 的响应能力大大减弱，而 POD 仍然维持较高活性。

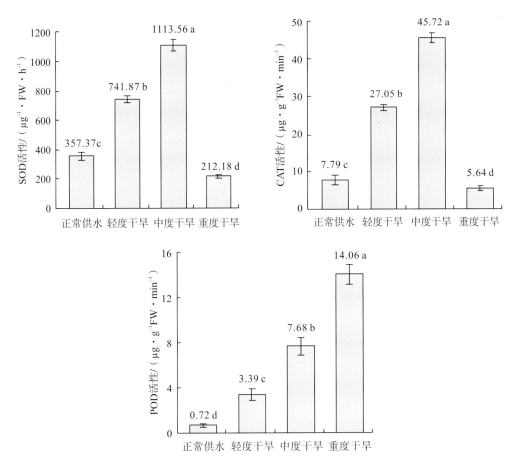

图 4-26　干旱胁迫对湖南山核桃叶片超氧化物歧化酶（SOD）、
过氧化氢酶（CAT）和过氧化物酶（POD）活性的影响

8. 对叶片丙二醛（MDA）含量、质膜透性和伤害度的影响

干旱胁迫使植物体内的活性氧自由基增多后，直接或间接启动了细胞质膜脂过氧化链式反应，继而产生对细胞生理活动有害的物质。MDA 是膜质过氧化作用的主要产物之一，其含量大小可以反映细胞膜脂质过氧化程度。植物受到干旱胁迫时，细胞质膜遭受破坏，细胞内各种水溶性物质大量外渗，导致细胞质膜透性增加，在这种情况下植物组织的电导

率会增加。因此，植物组织中 MDA 含量的高低和电导率的大小能够反映植物在干旱下的损伤程度。

我们参考张志良（2003）的方法测定了不同干旱程度下湖南山核桃叶片中 MDA 含量、质膜透性和伤害度，结果显示（表 4-12），叶片的 MDA 含量和质膜透性随干旱胁迫程度的加重而提高，细胞的伤害度也随之加重，达到中度干旱胁迫程度后，湖南山核桃叶片所受的伤害已经非常严重。

表 4-12　土壤干旱胁迫对湖南山核桃叶片 MDA 含量、质膜透性和伤害度的影响

土壤干旱程度	MDA 含量/(μmol·g^{-1}FW)	质膜透性/%	伤害度/%
正常供水	13.62±0.56 dD	23.08±0.84 cC	0.00
轻度干旱	18.41±0.61cC	24.48±0.53 cC	0.49±0.55 cC
中度干旱	25.74±0.69 bB	38.98±0.71 bB	20.68±0.49 bB
重度干旱	34.06±0.88 aA	52.01±1. 02 aA	37.62± 0.53aA

注：数据多重比较采用邓肯新复极差检验，不同字母表示差异显著，大、小写字母分别表示达到 0.01 的极显著水平和 0.05 的显著水平

9. 对叶中内源激素含量的影响

内源激素对植物生长及生理过程发挥着重要的调控作用，是植物适应干旱的重要调控物质。植物受旱时体内的各种内源激素会迅速作出响应，根系感知旱情后迅速合成脱落酸（ABA）传导信号诱发抗旱基因的表达，进而启动合成脯氨酸、可溶性蛋白等渗透调节物质和关闭叶片气孔等生理抗旱机制以增强抗旱性（孙大业等，2000），在此过程中植物体内的赤霉素（GA_s）、生长素（IAA）和细胞分裂素（CTK）也会跟随响应，引起激素间的比例发生改变，进而对植物的抗旱产生生理调控协同作用（Sagadevan et al.，2002；王三根，2000；杨洪强等，2002；孙宪芝等，2007；Thapa et al.，2011），因此植物的抗旱性与多种内源激素的共同作用有密切关系。我们采用植物内源激素免疫测定技术（李宗霆等，1996）对不同干旱胁迫条件下的湖南山核桃叶片中 IAA、玉米素核苷（ZRs）、GA_{4+7} 和 ABA 含量进行了测定，探究了内源激素对干旱胁迫的生理响应。

（1）对 ABA 含量的影响

图 4-27 表明，湖南山核桃叶片中的 ABA 含量随干旱胁迫程度的加重而大幅度增加，这是湖南山核桃抗旱机制积极响应的结果。ABA 含量增加与叶片的还原糖及脯氨酸等细胞渗透调节物质含量呈正相关，与叶片气孔导度、叶水势及光合速率呈负相关。ABA 的积极响应诱导相关基因的表达，使还原糖及脯氨酸等细胞渗透调节物质含量增加，从而降低了叶水势，增强了叶片的吸水能力，以此抵御干旱。此外，ABA 含量的增加促进了叶片气孔的关闭，以此降低水分的蒸发，但同时也阻止了大气中的 CO_2 进入叶片，从而降低光合速率。

（2）对 IAA 含量的影响

IAA 对植物的生长具有促进作用，植物枝梢生长的顶端优势与此密切相关，在叶片

气孔开关的调控中，IAA 与 ABA 具有拮抗的关系，即 IAA 可以促进气孔的开放。图 4-28 显示，随干旱程度的加重，湖南山核桃叶片中的 IAA 含量呈极显著的降低趋势，哪怕是轻度干旱胁迫，叶片中的 IAA 含量也大幅度降低，说明在轻度干旱胁迫下，IAA 对气孔开放的调控作用很快丧失。在湖南山核桃新梢生长期遭受干旱后新梢生长受到严重抑制与 IAA 降低密切相关。

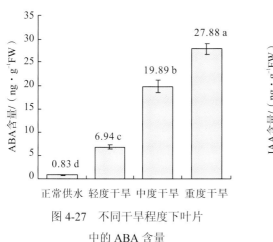

图 4-27　不同干旱程度下叶片
中的 ABA 含量

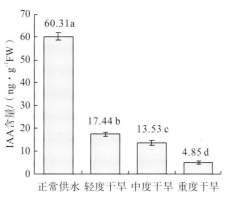

图 4-28　不同干旱胁迫条件下叶片
中的 IAA 含量

（3）对 GA_{4+7} 含量的影响

赤霉素的主要作用是促进植物细胞伸长及节间生长、种子萌发和促进植物开花。图 4-29 显示，干旱胁迫明显降低了湖南山核桃叶片中 GA_{4+7} 的含量，这一结果与新梢生长受到抑制密切相关。

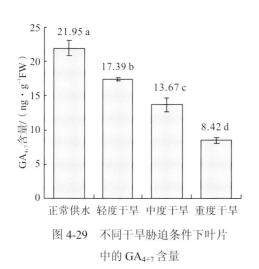

图 4-29　不同干旱胁迫条件下叶片
中的 GA_{4+7} 含量

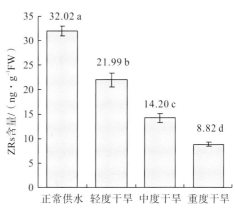

图 4-30　不同干旱胁迫条件下叶片
中的 ZRs 含量

（4）对 ZRs 含量的影响

ZRs 是具有植物天然细胞分裂素活性的腺嘌呤衍生物，具有促进细胞分裂、诱导花芽分化、解除顶端优势、延缓叶片衰老、促进养分运输与结实、促进气孔开张等作用，其主要合成部位是旺盛生长的根尖和果实(李宗霆等，1996)。图 4-30 显示，干旱胁迫使湖南山核桃叶片中的 ZRs 含量显著减少，干旱程度越重，ZRs 含量降低的幅度越大。这种响应特性与干旱抑制根系生长并阻碍了 ZRs 的合成有关。ZRs 含量降低有助于气孔的关闭而减少水分的蒸腾。

三、湖南山核桃的抗旱性

(一)湖南山核桃的生理抗旱性综合评价

植物遭受干旱后很多生理指标会迅速作出响应，其中部分生理指标与植物抗旱性有密切的关系，因此可以利用这些指标通过隶属函数法测定其隶属函数平均值，根据平均值的大小确定植物的抗旱性，隶属函数平均值越大的植物抗旱性越强。

我们参考杨敏生等(2002)的方法，选择叶绿素、叶水势、叶片相对含水量、膜透性、光合速率、ABA、MDA、SOD、POD、NR、可溶性总糖、脯氨酸等作为抗旱性生理鉴定的指标，选用梨属(*Pyrus*)植物中最抗旱的杜梨(*Pyrus betulaefolia*)和抗旱力最弱的刺梨(*Rosa roxburghii*)(樊卫国等，2007)进行抗旱性评价比较。结果显示(表 4-13)，湖南山核桃 12 种生理指标的隶属函数平均值最大，其次为杜梨，刺梨的生理指标隶属函数平均值最小。因此，湖南山核桃的抗旱力最强，3 个树种的抗旱力强弱排序为湖南山核桃>杜梨>刺梨。

表 4-13 湖南山核桃、杜梨、刺梨 3 个树种抗旱生理指标隶属函数值及抗旱能力比较

生理指标	不同树种的生理指标隶属函数值		
	湖南山核桃 (*Carya hunanensis*)	杜梨 (*Pyrus betulaefolia*)	刺梨 (*Rosa roxburghii*)
叶绿素	0.70	0.27	0.18
叶水势	0.31	0.39	0.66
叶片相对含水量	0.87	0.29	0.28
可溶性总糖	0.77	0.13	0.45
脯氨酸	0.38	0.01	0.09
光合速率	0.32	0.40	0.39
丙二醛	0.80	0.99	0.37
膜透性	0.47	0.79	0.62
SOD	0.54	0.01	0.20
POD	0.76	0.42	0.37
ABA	0.01	0.49	0.01
硝酸还原酶	0.46	0.74	0.27
隶属函数平均值	0.49	0.39	0.32
抗旱性强弱排序	1	2	3

(二)湖南山核桃干旱致死鉴定与实际抗旱力

植物具有多种抗旱机制，归纳起来有生理抗旱、叶片旱生组织结构抗旱、组织器官贮水抗旱和根系构型抗旱四种。生理抗旱机制在所有植物上都有表现，其强弱因植物种类不同而异。遭受干旱后生理响应特征是渗透调节物质含量增加、ABA 合成诱导气孔关闭、蒸腾速率降低、细胞保护酶活性增强等，通过复杂的生理响应减少水分的损失，加强水分吸收，最大限度地降低干旱对自身的损伤。具有叶片旱生组织结构抗旱机制的植物，叶片具有很厚的蜡质层和发达的栅栏组织，或叶片革质，或叶片气孔小而凹陷，或叶背密生绒毛或糙毛，叶片的这些旱生结构有利于减少水分的蒸发，增强植物的抗旱性。具有组织器官贮水抗旱机制的植物，组织器官中能够大量地贮藏水分，如香蕉的假茎和仙人掌科植物的叶片，都有强大的贮水功能，即便遭受严重的干旱，这些植物体内大量的贮藏水分能够不断供给自身利用。有的植物具有特殊的根系构型，根系非常发达，根冠比大，在干旱的环境中能够通过强大的根系吸收深层土壤中的水分以满足自身的需要。这种通过抗旱根系构型增强自身抗旱性的植物在沙漠地区和石漠化地区十分普遍。

植物的生理抗旱能力具有局限性。植物的抗旱力强弱往往是多种机制协同作用的结果。我们在对喀斯特石漠化地区的特有经济植物进行抗旱性鉴定的研究中发现，有些植物的生理抗旱力较弱，但实际抗旱力很强，如喀斯特石漠化地区特有树种椿树(*Toona sinensis*)，其叶片不具有典型的旱生结构，生理抗旱性也较弱，但由于具有特殊的根系构型，实际抗旱力很强。因此，不同植物抗旱能力强弱不仅是多种抗旱机制作用的结果，在一些特定环境中某种抗旱机制的表现对抗旱性的增强起到了决定性的作用，生理抗旱性弱的植物抗旱性未必就弱，反之，生理抗旱性强的植物抗旱性未必就强。

事实上，利用干旱致死法对植物进行抗旱性鉴定，更能够准确评价植物的抗旱力强弱。我们于 2010 年 7 月在贵州省果树工程技术研究中心盆栽场用 3 年生湖南山核桃、杜梨和刺梨进行避雨旱死鉴定，避雨后对 3 个树种停止浇水，每隔 3d 对 3 株不同的试验树种进行旱后复水，观察复水后的成活情况，观察期一直持续至 2011 年 4 月，对次年春季植株枝干不能重新萌芽和根部不能重新萌发根蘖的植株确定为死亡植株。试验结果表明，夏季持续干旱导致植株全部死亡的致死天数分别为湖南山核桃 18d、杜梨 12d、刺梨 6d。由此可见，湖南山核桃的实际抗旱力强于杜梨和刺梨。上述实验结果说明，湖南山核桃的实际抗旱力与生理抗旱性是一致的，其抗旱力强是生理抗旱机制和发达的根系共同作用的结果。

参 考 文 献

曹翠玲, 高俊凤, 1996. 小麦细胞根细胞质膜脱氢化还原酶对干旱胁迫与 K[+]积累关系[J]. 西北农业大学学报, 24(5): 25—29.

迟焕星, 樊卫国, 龙令炉, 等, 2012. 湖南山核桃叶片矿质营养年周期的变化规律[J]. 贵州农业科学, 40(1): 51—53.

樊卫国, 刘国琴, 何嵩涛, 等, 2002. 刺梨对土壤干旱胁迫的生理响应[J]. 中国农业科学, 35(10): 1243—1248.

樊卫国, 李迎春, 2007. 部分梨砧木的叶片组织结构与抗旱性的关系[J]. 果树学报, 25(1): 17—21.

蒋明义, 郭绍川, 1996. 水分亏缺诱导的氧化胁迫和植物的抗氧化作用[J]. 植物生理学通讯, 32(2): 144—15.

江玲, 万建民, 2007. 植物激素 ABA 和 GA 调控种子休眠和萌发的研究进展[J]. 江苏农业学报, 23 (4): 360—365.

于敏, 徐恒, 张华, 等, 2016. 植物激素在种子休眠与萌发中的调控机制[J]. 植物生理学报, 52 (5): 599—606.

李宗霆, 周燮, 1996. 植物激素及其免疫检测技术[M]. 南京: 江苏科学技术出版社: 5—298.

吕芳德, 和红晓, 2006. 山核桃属植物种子活力的测定[J]. 经济林研究, 24(3): 11—14.

孙大业, 郭艳林, 马力耕, 2000. 细胞信号转导[M]. 北京: 科学出版社: 225—229.

孙宪芝, 郑成淑, 王秀峰, 2007. 木本植物抗旱机理研究进展[J]. 西北植物学报, 27(3): 0629—063.

唐安军, 龙春林, 刀志灵, 2004. 种子顽拗性的形成机理及其保存技术[J]. 西北植物学报, 24(11): 2170—2176.

王建华, 1989. 超氧化物歧化酶(SOD)在植物逆境和衰老生理中的作用[J]. 植物生理学通讯, 10 (1): 1—7.

王三根, 2000. 细胞分裂素在植物抗逆和延衰中的作用[J]. 植物学通报, 17(2): 121—126.

杨洪强, 接玉玲, 李军, 2002. 植物根源逆境信使及其产生和传输[J]. 植物学通报, 19(1): 56—62.

杨敏生, 裴保华, 朱之悌, 2002. 白杨双交杂种无性系抗旱性鉴定指标分析[J]. 林业科学, 38(6): 36—42.

杨期和, 尹小娟, 叶万辉, 等, 2006. 顽拗型种子的生物学特性及种子顽拗性的进化[J]. 生态学杂志, 25(1): 79—86

曾骧, 1992. 果树生理学[M]. 北京: 北京农业大学出版社: 274—312.

周卫, 汪洪, 2007. 植物钙吸收、转运及代谢的生理和分子机制[J]. 植物学通报, 24 (6): 762—778.

张志良, 2003. 植物生理学实验指导(第三版)[M]. 北京: 高等教育出版社: 25—44.

Berjak P, Farrant J M, Pammenter N W, 1990. In: Recent advances in the development and germination of seed[M]. New York, Plenum Press , 89—108.

Roberts E H, 1973. Predicting the storage life of seed[J] . Seed Sci. and Technol. , 1: 449—514.

Weyers J D B, Paterson N W, 2001. Plant hormones and the control of physiological processes[J]. New Phytol, 152(3): 375—407.

Shu K, Liu X D, Xie Q, et al, 2016. Two faces of one seed: hormonal regulation of dormancy and germination[J]. MolPlant, 9(1): 34—45.

Ni B R, Bradford K J, 1992. Quantitative models characterizing seed germination responses to abscisic acid and osmoticum[J]. Plant Physiol, 98 (3): 1057—1068.

Schmitz N, Abrams S R, Kermode A R, 2002. Changes in ABA turnover and sensitivity that accompany dormancy termination of yellow cedar (*Chamaecyparis nootkatensis*) seeds[J]. Exp Bot, 53 (366): 89—101.

Feurtado J A, Yang J, Ambrose S J, et al, 2007. Disrupting abscisic acid homeostasis in western white pine (*Pinus monticola* Dougl. ex D. Don) seeds induces dormancy termination and changes in abscisic acid catabolites[J]. Plant Growth Regul, 26: 46—54.

Steber C M, McCourt P, 2001. A role for brassinosteroids in germination in Arabidopsis[J]. Plant Physiol, 125 (2): 763—769.

Thapa G, Dey M, Sahoo L, et al, 2011. An insight into the drought stress induced alterations in plants[J]. Biologia Plantarum, 55 (4): 603—613.

Sagadevan G M, Bienyameen B, Shaheen M, 2002. Physiological and molecular insights into drought tolerance[J]. African Journal of Biotechnology, 1 (2): 28—38.

第 5 章
湖南山核桃高产林地土壤与树体养分特征

土壤养分含量状况与树种的果实产量、品质有密切关系。迄今，有关湖南山核桃高产对土壤酸碱度及养分含量的要求尚不十分清楚。探究不同产量状态下的湖南山核桃林地土壤及树体养分特征，研究林地土壤及树体养分含量与产量、品质的关系，有助于揭示湖南山核桃优质高产对土壤及树体养分的需求，为实现湖南山核桃高产栽培的土壤及树体养分管理提供重要科学理论依据，也可为建立湖南山核桃树体及土壤养分营养诊断技术体系奠定理论基础。目前这方面的研究报道在整个山核桃属（*Carya*）树种中都较少。郭传友等（2006）报道了大别山山核桃（*C. dabieshanensis*）果实中的脂肪和蛋白质含量与土壤速效氮和速效磷含量呈正相关；洪游游等（1997）的研究表明，浙江省的山核桃（*C. cathayensis*）高产林地土壤的有机质含量大于 1.5%，土壤中磷、钾、锌和硼元素的有效含量分别为 0.7～3.1mg·kg⁻¹、55～149mg·kg⁻¹、2.68～9.30mg·kg⁻¹ 和 0.34～1.80mg·kg⁻¹。对于湖南山核桃（*C. hunanensis*），目前仅有林地土壤类型与产量状况的研究报道（候红波等，2004）。为了探究湖南山核桃高产林地土壤和树体养分特征，我们于 2007～2009 年对贵州黔东南锦屏地区不同产量状况下的湖南山核桃林地土壤及植株叶片的养分含量进行了调查和取样分析测定，并收集果实进行脂肪、蛋白质和瘪籽率的检测，研究了不同产量类型林地土壤及叶片养分元素含量及其与果实产量和品质的关系，在此基础上解析湖南山核桃的营养需求特性和高产林地的土壤及树体养分特征。研究表明，湖南山核桃高产林地土壤的 pH 在 5～6.5，土壤的有机质含量大于 2.3%，速效氮、磷、钾含量分别大于 80mg·kg⁻¹、20mg·kg⁻¹、105mg·kg⁻¹，有效铜、锌、硼含量分别在 1.79～1.92mg·kg⁻¹、1.58～1.67mg·kg⁻¹ 和 0.85～0.88mg·kg⁻¹。湖南山核桃叶片中营养元素含量对果实产量影响的敏感程度大小顺序为磷＞钾＞硼＞锌＞镁＞铜＞氮，土壤中磷、钾养分含量高和硼、锌、氮养分含量适宜是湖南山核桃优质高产的重要养分特征；结果率和坚果瘪籽率是决定湖南山核桃果实产量的直接因素，土壤缺乏氮、磷、钾、锌、硼等元素不仅会严重降低湖南山核桃的果实产量，同时会降低坚果蛋白质和脂肪的含量，增大坚果的瘪籽率。

第 1 节　研究背景、内容及方法

一、研　究　背　景

土壤的理化性质与任何经济树种的果实产量、品质都有密切关系，不同树种对土壤酸碱度、有机质及养分元素的含量要求具有差异，从而表现出不同树种对土壤条件适应及养分需求的差异性。由于人工栽培研究起步较晚，至今有关湖南山核桃对土壤酸碱度的适应性及对养分的需求特性尚不清楚，土壤养分含量、树体养分含量、果实产量及品质之间究竟具有什么关系也不明确。探究不同产量状态下的湖南山核桃林地土壤 pH 的差异、土壤养分、树体养分特征及其与湖南山核桃产量及品质的关系，能够揭示湖南山核桃对土壤酸碱度的适应性。明确湖南山核桃优质高产的养分需求特性，可为湖南山核桃高产栽培的土壤及树体养分管理提供重要科学理论依据，同时有助于为湖南山核桃树体及土壤养分营养诊断技术体系奠定理论基础。为此，我们连续 3 年对贵州黔东南锦屏地区湖南山核桃的不同产量类型林地土壤和植株叶片进行取样分析测定，同时测定不同产量类型样地的单株果实产量，并收集果实进行脂肪及蛋白质和瘪籽率的分析检测。在此基础上，研究分析林地土壤有效养分含量与果实产量及品质、林地土壤有效养分含量与湖南山核桃叶片养分含量、湖南山核桃果实产量与叶片养分含量的关系，以便揭示湖南山核桃的营养需求特性和优质高产林地的土壤养分及树体养分特征。

二、研究样地的确定及基本情况

(一)研究样地的确定

研究工作始于 2007 年。在对贵州黔东南地区湖南山核桃集中产区种植基地进行普查的基础上，在锦屏县三江、大同、铜鼓 3 个乡镇各选出高产、中产和低产的湖南山核桃林地作为研究样地。3 个乡镇不同产量类型林地共 27 个，每个产量类型林地中的湖南山核桃树 9 株。

(二)研究样地的基本情况

不同产量类型林地均为同年栽植实生树，土层深度均超过 60cm，树龄 16～18 年，栽植密度为每亩 27～33 株。27 个不同产量类型林地的土壤类型分别为砂岩酸性黄壤、石灰性黄壤及山间冲积土。选定的研究样地每年初夏和采果前各进行 1 次杂草的刈割抚育管理，刈割的杂草覆盖地面，对蛀干及食叶害虫进行综合防治。为了不干扰土壤养分分析测定结果的客观性，在研究期间研究样地均不施肥。

三、试验设计与取样分析测定

(一)试 验 设 计

按照高产树单株果实产量≥40kg、中产树单株果实产量 20～39.9kg 和低产树单株果实产量≤20kg 的划分标准，在 3 个乡镇不同产量类型的样地中都选择高、中、低产树各 9 株进行挂牌标记，以每个产量类型林地中的 3 株树作为 1 个取样重复样本，每个样本取样重复 3 次。

(二)取样分析测定

对选定的取样样地单株进行编号，调查记载每个单株的立地土壤类型。2007~2009年，在每年的 7 月上旬分别对每种产量类型(处理)取土样进行土壤理化指标的测定。土壤取样深度为 0~60cm，用电位法测定土壤 pH，用油浴加热 $K_2Cr_2O_7$ 容量法测定土壤有机质含量，用碱解扩散法测定碱解 N 含量，用钼锑抗比色法测定速效 P 含量，用火焰光度法测定速效 K 含量，用原子吸收分光光度法测定交换性 Ca、Mg 和有效 Fe、Mn、Cu、Zn 的含量，用沸水浸提姜黄素比色法测定有效 B 的含量。

在每年 9 月中下旬果实采收期测定高、中、低产林地的单株果实(青皮果实)产量，对 3 种产量类型(处理)的样本树随机取果实进行瘪籽率、粗蛋白及粗脂肪含量的测定。

在 2008 年和 2009 年的 7 月份，对 3 个乡镇不同产量类型研究样地植株分别取树冠外围营养枝中部叶片进行养分元素含量的测定。叶片的 N 含量用用凯氏法测定，P 含量用钒钼黄比色法测定，K 含量用火焰光度计法测定，Ca、Mg、Fe、Mn、Zn 含量用原子吸收分光光度计法测定，B 含量用姜黄素比色法测定。

根据连续取样测定结果，计算 3 个乡镇高、中、低 3 种产量类型的林地土壤的 pH、有机质含量和有效营养元素含量、植株叶片中的营养元素含量、单株果实产量、果实瘪籽率、果仁粗蛋白及粗脂肪含量的平均值，在此基础上进行数据整理与统计分析，最后以连续 3 年对 3 个乡镇不同产量类型林地的测定结果进行土壤 pH 及有效养分含量与单株果实产量、坚果瘪籽率、果仁粗蛋白及粗脂肪含量相关性的分析，同时分析土壤有效养分含量及单株果实产量与植株叶片营养元素含量的相关性。

第 2 节　林地土壤 pH 及养分含量与果实产量的关系

一、林地土壤的 pH 和有机质含量与果实产量的关系

(一)林地土壤 pH 与果实产量的关系

湖南山核桃的单株产量高低与土壤 pH 的大小有密切的相关性。测定结果表明，在本研究的取样地区，湖南山核桃林地土壤 pH 差异很大，27 个取样样地的土壤 pH 在 4.12~7.83。单株果实产量为 35~51kg 的林地土壤 pH 在 5.1~6.58，单株果实产量低于 35kg 的林地土壤 pH 分别在 4.12~4.87 和 7.27~7.83。在 27 个取样样地中，林地土壤 pH 在 4.12~4.87 的样地有 8 个，其中单株的果实产量随土壤 pH 降低而减小，在 pH 为 4.12 的林地中，单株果实产量最小，仅有 10.1kg。27 个取样样地中有 4 个的土壤 pH 在 7.27~7.83，其单株果实产量为 9.44~25.01kg，pH 为 7.83 的林地中单株果实产量最低，仅为 9.44kg。

将湖南山核桃单株果实产量与林地土壤 pH 两个变量进行相关性分析，得出图 5-1 显示

的非线性关系，其回归方程为 $y = -9.945x^2+117.9x-304.5$，相关系数为 0.92，达到极显著水平（$P<0.01$）。由此可见，土壤的 pH 过高或高低都不利于湖南山核桃的结果和高产，在 pH 小于 5 或大于 7 的土壤中，湖南山核桃的果实产量低，在 pH 5～6.5 的土壤中果实产量高。

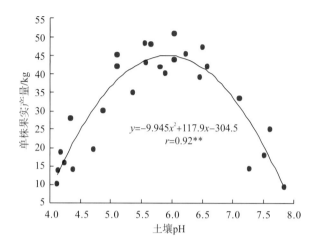

图 5-1　土壤 pH 变化与果实产量的关系

（二）林地土壤有机质含量与果实产量的关系

　　研究结果表明，湖南山核桃林地的单株果实产量随土壤中的有机质含量增加而增大。从图 5-2 看出，单株果实产量的多少与土壤中有机质含量的高低呈极显著的正相关，其相关系数为 0.96，达到极显著水平（$P<0.01$）。在单株果实产量低于 20kg 的低产林地土壤中，有机质的含量在 0.82%～1.60%，平均含量为 1.30%，其中，单株果实产量低于 10kg 的林地有机质含量最低，不足 1%。在 12 个单株产量大于 40kg 的高产林地中，土壤有机质的含量为 2.34%～2.77%，平均含量为 2.62%，高出低产林 1 倍以上。由此可见，湖南山核桃

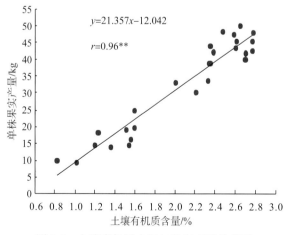

图 5-2　土壤有机质含量与果实产量的关系

高产与林地土壤中有机质含量高低有密切的关系，土壤中有机质含量高是湖南山核桃高产的一个重要养分特征。因此，要促进湖南山核桃提高果实产量，必须将提高土壤有机质纳入重要的管理目标。

二、林地土壤中速效养分元素含量与果实产量的关系

(一)速效氮含量与果实产量

　　土壤中有效氮含量高低直接影响湖南山核桃果实产量的大小。图 5-3 显示，林地单株的果实产量高低与土壤有效氮含量呈极显著的正相关关系，相关系数为 0.91(P<0.01)。在 27 个取样样地中，有 12 个样地果实产量大于 40kg 的高产单株林地土壤速效氮含量在 80.73～109.55mg·kg^{-1}，平均含量为 89.97mg·kg^{-1}。在 9 个单株果实产量低于 20kg 的低产林地土壤中，速效氮的含量在 51.58～70.54mg·kg^{-1}，平均含量为 65.19mg·kg^{-1}，高产林地土壤速效氮平均含量高于低产林的 42.61%，由此可见，在缺氮的低产林中，适当增施氮肥能够明显提高湖南山核桃的产量。

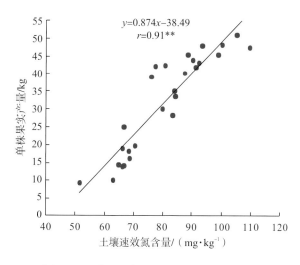

图 5-3　土壤速效氮含量与果实产量的关系

(二)速效磷含量与果实产量

　　土壤中的速效磷含量对湖南山核桃产量有极为重要的影响。从图 5-4 看出，湖南山核桃果实产量与土壤中的速效磷含量呈极显著正相关关系，相关系数达到 0.95 的极显著水平(P<0.01)。在 12 个果实产量大于 40kg 的高产单株林地土壤中，速效磷的含量为 21.33～33.77mg·kg^{-1}，平均含量为 27.45mg·kg^{-1}。在 9 个单株果实产量低于 20kg 的低产林地土壤中，速效磷的含量 4.19～12.54mg·kg^{-1}，平均含量仅为 7.82mg·kg^{-1}，高产林地土壤中速效磷的平均含量比低产林高了 2.51 倍，绝对含量多出 19.63mg·kg^{-1}。上述结果说明，湖南山核桃实现高产对土壤中磷养分有较高的要求，土壤供磷不足会严重降低产量，这是湖南山

核桃高产的重要营养特征,这种营养特性可能与湖南山核桃对磷养分需求较高有关,也可能是胡桃科(Juglandaceae)树种的普遍特性。有关胡桃科其他树种对磷的需求量较大已有一些报道,铁核桃(*Juglans sigillata*)良好的生长发育要求土壤中速效磷含量为 45mg·kg⁻¹左右,在过高或过低的条件下都不利于生长和对其他养分的吸收(臧成凤等,2016)。

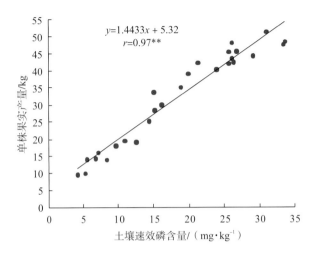

图 5-4　土壤速效磷含量与果实产量的关系

(三)速效钾含量与果实产量

湖南山核桃属于需钾量高的树种,土壤速效钾含量高是其高产的重要营养特征。图 5-5 显示,单株的果实产量大小与土壤中速效钾含量高低呈极显著正相关,相关系数为0.95($P<0.01$)。统计分析结果表明,湖南山核桃单株果实产量低于 20kg 的林地土壤的速

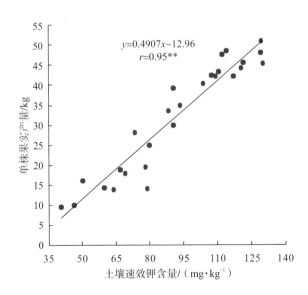

图 5-5　土壤速效钾含量与果实产量的关系

效钾含量低于 80mg·kg⁻¹，含量为 40.33～78.94mg·kg⁻¹，平均值为 61.55mg·kg⁻¹，而果实产量 40kg 以上林地土壤的速效钾含量为 103.49～130.12mg·kg⁻¹，平均值为 117.67mg·kg⁻¹，高产林地的土壤速效钾含量高出低产林地近 1 倍。

（四）交换性钙、镁元素含量与果实产量

研究结果表明，不同产量状态下的湖南山核桃林地土壤中交换性钙和交换性镁的含量差异很大，而且含量高，这与我国南方地区主要土壤成土母质有关。本研究取样林地土壤主要是砂岩酸性黄壤、石灰性黄壤及山间冲积土，这些土壤类型的钙、镁含量极为丰富，无论是高产或低产林地，土壤中大量的交换性钙和交换性镁足以满足湖南山核桃生长结果的需要。

图 5-6 和图 5-7 显示，单株果实产量高低与林地土壤中交换性钙、交换性镁的含量没有相关性。值得强调的是，在所有取样林地的土壤中，交换性钙含量为 1209.59～3070.55mg·kg⁻¹，含量如此之高的钙离子肯定会降低土壤中磷的有效性，这是在磷养分管理中应该注意的问题。

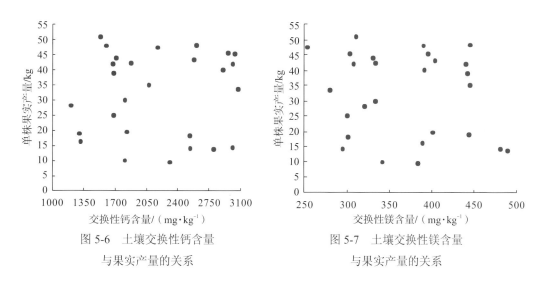

图 5-6　土壤交换性钙含量 　　　　　　　图 5-7　土壤交换性镁含量
　　　与果实产量的关系 　　　　　　　　　　与果实产量的关系

取样林地土壤中交换性镁的含量在 254.11～490.36mg·kg⁻¹，丰富的镁元素虽然满足了湖南山核桃树的需求，但是过多地吸收后也会影响树体养分元素之间的平衡而对树体产生不利的生理影响。在多年的调查和研究中，的确没有发现不同产量状态下的湖南山核桃叶片表现出缺镁的症状。

（五）有效微量元素含量与果实产量

1. 与土壤中有效铁和有效锰含量的关系

相关性分析测定表明，湖南山核桃的果实产量与林地土壤中有效铁和有效锰含量的高低无任何线性关系，相互间没有直接的相关性（图 5-8 和图 5-9）。在不同果实产量的林

地土壤中，有效铁含量在 38.14～55.75mg·kg⁻¹，有效锰含量在 29.04～54.79mg·kg⁻¹。

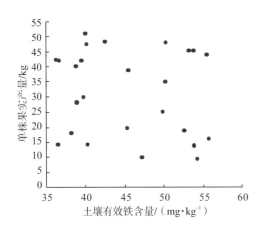 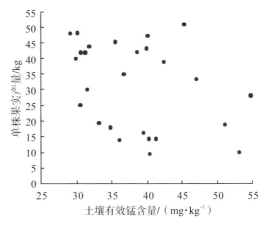

图 5-8　土壤有效铁含量与果实产量的关系　　　图 5-9　土壤有效锰含量与果实产量的关系

2. 与土壤中有效铜、锌、硼含量的关系

图 5-10 显示，湖南山核桃的果实产量与林地土壤有效铜含量的高低呈极显著的正相关，相关系数为 0.94，达到极显著水平（$P<0.01$）。不同产量的林地土壤中有效铜的含量为 1.51～1.92mg·kg⁻¹，其中单株果实产量大于 40kg 的高产林地土壤有效铜含量为 1.79～1.92mg·kg⁻¹，平均含量为 1.85mg·kg⁻¹，单株果实产量低于 20kg 的低产林地土壤有效铜含量为 1.51～1.57mg·kg⁻¹，平均含量为 1.53mg·kg⁻¹。

湖南山核桃的果实产量与林地土壤有效锌含量的高低呈显著的正相关（图 5-11），相关系数为 0.83，达到极显著水平（$P<0.01$）。在单株果实产量大于 40kg 的高产林地土壤中，土壤有效锌含量在 1.58～1.67mg·kg⁻¹，平均含量为 1.63mg·kg⁻¹。在单株果实产量小于 20kg 的低产林地土壤中，土壤有效锌含量在 0.84～1.24mg·kg⁻¹，平均含量为 0.92mg·kg⁻¹。

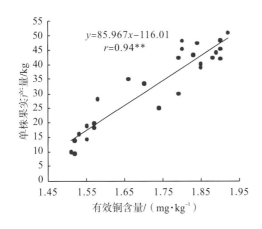 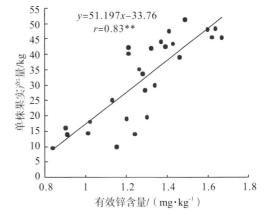

图 5-10　壤有效铜含量与果实产量的关系　　　图 5-11　土壤有效锌含量与果实产量的关系

随林地土壤中有效硼含量的增加，湖南山核桃果实产量呈显著增加的趋势(图 5-12)，其果实产量与林地土壤中有效硼含量呈极显著正相关，相关系数为 0.93。在单株果实产量大于 40kg 的高产林地土壤中，土壤有效硼含量在 0.85～0.88mg·kg^{-1}，平均含量为 0.87mg·kg^{-1}。在单株果实产量小于 20kg 的低产林地土壤中，土壤有效硼含量在 0.69～0.71mg·kg^{-1}，平均含量为 0.70mg·kg^{-1}。

虽然铜、锌、硼在土壤和植物体内的含量甚微，但它们对植物的生理功能与大量元素和中量元素一样同等重要且不可代替。硼对植物开花结果有直接的影响，其重要功能包括促进糖的运转、花粉母细胞的发育及花粉的萌发、增强授粉受精能力和促进幼果的生长发育及提高坐果率等。铜、锌是调节植物多种生理代谢的重要元素，缺铜和缺锌会对植物的养分吸收、光合作用及其产物运输、内源激素合成与器官发育调控等生理过程产生不利影响。在调查取样和研究中发现，土壤中有效硼元素含量低的林地，湖南山核桃落花及花后 2～3 周幼果落果十分严重，即便保留一些果实，其瘪籽率也很高，这是影响湖南山核桃果实产量的一个重要原因。

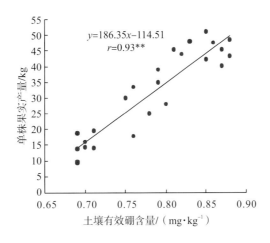

图 5-12　土壤有效硼含量与果实产量的关系

第 3 节　林地土壤养分含量与湖南山核桃坚果品质的关系

一、湖南山核桃坚果品质特征的重要评价指标

坚果品质的评价指标因树种特性及利用途径不同而异。作为食用坚果，除外观形态这一品质指标外，坚果中主要营养成分是评价品质的重要指标。不同的坚果品质评价指标有差异。淀粉、蛋白质及可溶性糖的含量是栗类坚果的重要品质评价指标，其中直链和支链淀粉的比例大小及可溶性糖含量的多少直接影响栗类坚果的食用品质。对于核桃而言，其坚果的大小、壳的坚硬程度、出仁率、种仁的脂肪及蛋白质含量都是重要的品质评价指标。

湖南山核桃坚果壳十分坚硬，其种仁中主要营养成分是脂肪和蛋白质，炒制休闲食品和采用机械破壳后加工食用油是最常见的利用方式。湖南山核桃坚果的出仁率大小、脂肪和蛋白质含量的高低与加工产品的产量及食用品质有直接关系。除坚果大小和果壳占整个坚果的比例影响出仁率外，坚果的瘪籽率对出仁率及脂肪和蛋白质含量都有十分重要的影响。因此，在湖南山核桃坚果品质评价中，应将脂肪及蛋白质的含量和瘪籽率作为重要的品质评价指标。

二、营养元素对坚果蛋白质和脂肪含量及瘪籽率的影响

(一)对坚果蛋白质和脂肪含量的影响

从理论上看，所有的营养元素都会影响坚果的蛋白质及脂肪的含量，但其中氮、磷、钾元素对坚果中蛋白质和脂肪含量的影响作用更大。氮元素是蛋白质的重要组成元素，它直接参与植物体内氨基酸的合成进而转化成蛋白质。磷在加强光合作用和碳水化合物的合成与转化的同时，能促进脂肪的合成，在糖转化为甘油和脂肪酸的生化过程中始终需要三磷酸腺苷(ATP)的参与。木本或草本油料植物对磷的反应十分敏感，缺磷对其生长发育和果实及种子中的脂肪和蛋白质含量有着极其不利的影响。钾作为对光合作用及碳水化合物合成与运转有直接作用的重要元素，一旦缺乏即会降低植物体内合成蛋白质和脂肪酸的糖和有机酸等基础物质的代谢转化。因此，氮、磷、钾都是直接影响湖南山核桃坚果中蛋白质及脂肪含量的重要营养元素。

(二)对坚果子叶发育的影响

湖南山核桃可食部分是由坚果中子叶发育而来的种仁。某些营养元素缺乏和干旱胁迫都会抑制子叶的发育，不利于蛋白质和脂肪在子叶中的积累，严重时导致坚果空室瘪籽，降低湖南山核桃坚果的品质。在多年的调查研究中发现，湖南山核桃坚果的瘪籽率在某些地区很高，表现为坚果中种仁发育不饱满出现半空室或种仁根本不发育而出现空室，进一步的研究发现坚果瘪籽与磷、钾、硼的缺乏有密切的关系。

在土壤严重缺磷和缺钾的林地，湖南山核桃坚果瘪籽率很高，其瘪籽空室的程度与土壤有效磷和速效钾的含量多少有关，而且在土壤缺磷缺钾程度不很高的林地上半空室的瘪籽坚果多，而在严重缺磷和缺钾的林地上，空室的瘪籽坚果大幅度增加。土壤有效硼含量低或较低的林地，多数瘪籽坚果都属于空室类型。因此，我们初步推断，缺乏磷、钾、硼导致湖南山核桃坚果空室瘪籽的生理机制可能是不同的。磷、钾缺乏引起空室瘪籽可能与种仁(子叶)发育过程中碳水化合物转化合成蛋白质和脂肪受到阻碍有关，在磷、钾缺乏不很严重时这一过程的不利影响相对较弱，尚能形成发育不良的种仁，形成半空室瘪籽。而缺硼的情况则有所不同，很多植物在缺硼时种子的幼胚发育会自行终止或败育(樊卫国，2014)，我们也观察到在土壤严重缺硼的林地上，湖南山核桃落花落果十分严重，在土壤有效硼含量较低的林地，6月中、下旬果实中子叶浆状体的发育会逐步停

止，最后形成完全空室。因此初步认为缺硼引起的空室瘪籽机理是：果实发育中期供硼量不足导致子叶浆状体发育夭折，这种情况类似于油菜和花生在缺硼时的有荚无籽。

三、林地土壤速效氮、磷、钾含量与坚果中蛋白质和脂肪含量的关系

(一)速效氮含量与坚果中蛋白质和脂肪含量

1. 与蛋白质含量的关系

林地土壤中速效氮含量与坚果种仁中蛋白质含量有极显著正相关关系，相关系数为0.89($P<0.01$)。但尽管如此，从图 5-13 还是可以看出，在土壤速效氮含量小于 100mg·kg^{-1}时，蛋白质的含量是随速效氮含量增大而明显增加的，而土壤速效氮含量大于 100mg·kg^{-1}以后，蛋白质含量增加就不明显了。说明坚果种仁蛋白质的积累对土壤速效氮供给水平的要求并非多多益善，供给过多的速效氮后，有可能反而不利于种仁中蛋白质的提高，因为供氮过多会加强营养器官的生长强度，对氮素养分物质分配于果实会有不利的影响，进而可能降低坚果中的蛋白质含量，然而这种推测需要进一步研究确认。

2. 与脂肪含量的关系

从图 5-14 看出，随土壤速效氮含量的增大脂肪含量呈明显增加的趋势，而当土壤速效氮含量超过 100mg·kg^{-1} 以后，脂肪含量降低了。土壤速效氮含量与坚果种仁中脂肪含量呈非线性关系，相关方程式为 $y=-0.0002x^3+0.05x^2-3.03x+106.95$，相关系数为 0.88，其二者的吻合度达到极显著水平($P<0.01$)。这种关系表明，土壤适宜的供氮水平有利于湖南山核桃坚果中脂肪的积累，速效氮过高反而不利于提高坚果脂肪的含量。

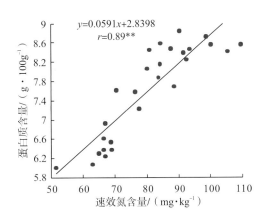

图 5-13　土壤速效氮含量与坚果蛋白质
含量的关系

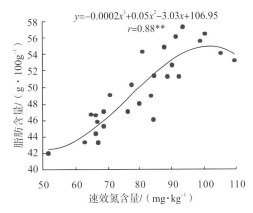

图 5-14　土壤速效氮含量与坚果脂肪
含量的关系

(二)速效磷含量与坚果中蛋白质和脂肪含量

1. 与蛋白质含量的关系

林地土壤速效磷含量对坚果的蛋白质含量有明显的影响，从图 5-15 看出，随速效磷含量的增大蛋白质含量明显增加，二者呈极显著正相关($P<0.01$)，相关系数为 0.87。林地土壤速效磷含量在 $15\sim30\mathrm{mg\cdot kg^{-1}}$ 的蛋白质含量普遍较高，含量在 $7.88\sim8.85\mathrm{g\cdot100g^{-1}}$，平均含量为 $7.77\mathrm{g\cdot100g^{-1}}$，而土壤有效磷低于 $15\mathrm{mg\cdot kg^{-1}}$ 的坚果蛋白质含量较低，在 $6.01\sim7.93\mathrm{g\cdot100g^{-1}}$，平均含量为 $6.51\mathrm{g\cdot100g^{-1}}$。

2. 与脂肪含量的关系

图 5-16 显示，坚果的脂肪含量与林地土壤速效磷含量呈正相关，相关系数 0.85，达到极显著水平($P<0.01$)。在坚果脂肪含量高于 $50\mathrm{g\cdot100g^{-1}}$ 的所有样本中，林地土壤速效磷含量在 $15.08\sim33.77\mathrm{mg\cdot kg^{-1}}$；在坚果脂肪含量高于 $55\mathrm{g\cdot100g^{-1}}$ 的所有样本中林地土壤速效磷含量为 $23.96\sim33.77\mathrm{mg\cdot kg^{-1}}$，说明土壤速效磷含量增加有利于提高坚果中的脂肪含量。

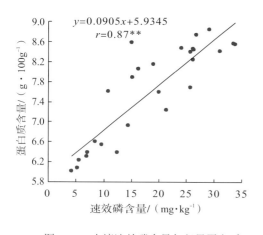

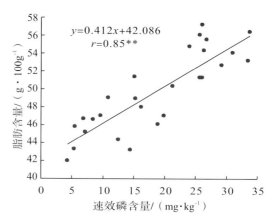

图 5-15　土壤速效磷含量与坚果蛋白质　　　　图 5-16　土壤速效磷含量与坚果脂肪
含量的关系　　　　　　　　　　　　　含量的关系

(三)速效钾含量与坚果中蛋白质和脂肪含量

1. 与蛋白质含量的关系

林地土壤速效钾含量与坚果蛋白质含量呈正相关，相关系数为 0.84，达到 0.01 的极显著水平。图 5-17 显示，随着速效钾含量的提高，蛋白质含量明显增加，蛋白质含量高于 $8.0\mathrm{g\cdot100g^{-1}}$ 的样本林地土壤中速效钾的含量在 $90\sim130\mathrm{mg\cdot kg^{-1}}$，表明土壤富钾有利于提高湖南山核桃坚果的蛋白质含量。

2. 与脂肪含量的关系

土壤速效钾对脂肪含量也有重要的影响，二者呈正相关关系(图 5-18)，相关系数为 0.86，相关程度达到 0.01 的极显著水平。钾能够提高湖南山核桃坚果中脂肪的含量可能与其促进碳水化合物等脂肪合成的基础产物增加有关。

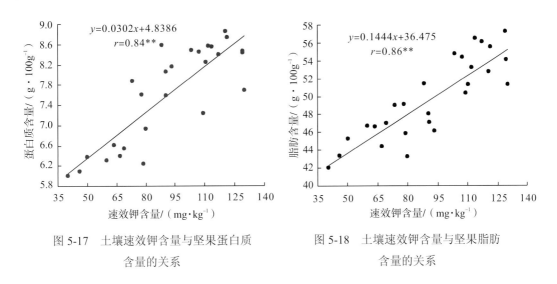

图 5-17　土壤速效钾含量与坚果蛋白质
含量的关系

图 5-18　土壤速效钾含量与坚果脂肪
含量的关系

四、林地土壤养分元素含量与坚果瘪籽率的关系

(一)速效氮含量对坚果瘪籽率的影响

研究结果表明，湖南山核桃坚果瘪籽率与林地土壤速效氮呈负相关。图 5-19 显示，坚果瘪籽率随林地土壤速效氮含量增大而降低，相关系数达-0.85，达到极显著水平 ($P<0.01$)。在土壤速效氮含量小于 $70mg·kg^{-1}$ 的样本中，坚果的瘪籽率很高，平均达到了 9.32%～15.99%，说明土壤缺氮会对湖南山核桃坚果子叶的发育产生不利影响。值得注意的是：在研究中我们观察到，土壤中速效磷和速效钾含量较高而速效氮含量低的林地，坚果的瘪籽主要是种仁发育不饱满的情况居多，即半空室的坚果比例大，这可能是缺氮后子叶发育过程中蛋白质和脂肪等营养物质积累较少造成的。

(二)速效磷含量对坚果瘪籽率的影响

土壤中速效磷含量低的林地，湖南山核桃坚果瘪籽率很高，在土壤速效磷含量低于 $6mg·kg^{-1}$ 的林地中，瘪籽率高达 14.14%～15.99%。图 5-20 显示，随林地土壤速效磷含量的增大瘪籽率明显降低，土壤速效磷含量与瘪籽率呈极显著负相关，相关系数为-0.92。在土壤速效磷含量大于 $20mg·kg^{-1}$ 的林地中，瘪籽率为 0.54%～4.13%。林地土壤速效磷含量大于 $25mg·kg^{-1}$ 的瘪籽率均小于 2%。由此可见，要降低湖南山核桃坚果的瘪籽率和提高果实产量及品质，必须保证土壤有足够的磷供应。

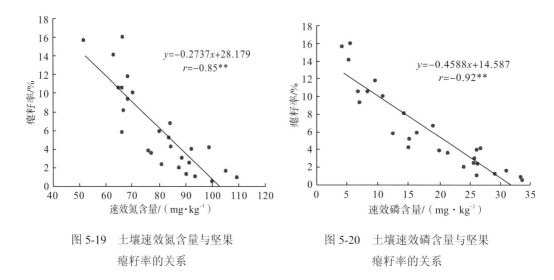

图 5-19　土壤速效氮含量与坚果　　　　　　图 5-20　土壤速效磷含量与坚果
　　　　　瘪籽率的关系　　　　　　　　　　　　　瘪籽率的关系

(三)速效钾含量对坚果瘪籽率的影响

图 5-21 显示，林地土壤速效钾含量与坚果瘪籽率也呈极显著负相关，相关系数为 −0.84。说明提高土壤速效钾的含量可以降低湖南山核桃坚果瘪籽率，从而提高产量及品质。

(四)有效硼含量对坚果瘪籽率的影响

硼是对湖南山核桃坚果瘪籽率影响最大的微量元素。硼在林地土壤中的有效含量与瘪籽率也呈极显著负相关($r=-0.84^{**}$)。在林地土壤有效硼含量低于 $0.71mg \cdot kg^{-1}$ 的 8 个样地中，瘪籽率平均值高达 11.51%。在土壤有效硼含量大于 $0.8mg \cdot kg^{-1}$ 的 12 个样地中，瘪籽率平均值仅为 1.69%，如图 5-22 所示。

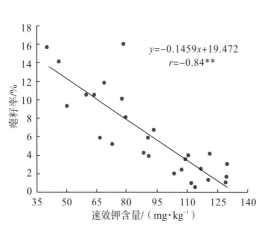

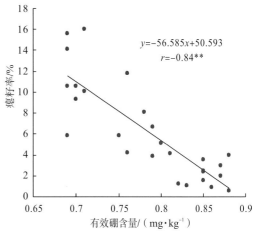

图 5-21　土壤速效钾含量与坚果　　　　　　图 5-22　土壤速效硼含量与坚果
　　　　　瘪籽率的关系　　　　　　　　　　　　　瘪籽率的关系

第4节　不同产量类型林地的树体养分状况

湖南山核桃树体养分含量状况与植株果实产量及质量有密切关系，不同产量类型的植株树体养分有差异。研究不同产量类型植株的营养状况有助于揭示树体养分与产量的关系，也是了解湖南山核桃高产的树体养分特征和确定营养诊断标准值的重要基础。

树木叶片的养分含量能够反映树体的养分状况，因此通常都用叶片养分含量指标对木本经济植物的树体养分状况进行评判。然而树木叶片的养分含量随季节的变化而变化，只有在叶片养分含量相对稳定的时期取样测定，这样叶片养分含量指标反映树体养分状况才具有代表性。为此，我们研究了湖南山核桃叶片矿质营养年周期的变化规律，结果表明6月中旬至7月中旬是湖南山核桃叶片中的多数营养元素含量相对较为稳定时期（迟焕新和樊卫国，2012），在这一时期取样进行树体养分分析诊断具有较好的客观性和代表性。2010～2012年，我们连续两年对贵州黔东南锦屏地区不同产地、不同产量类型的湖南山核桃树叶片进行取样分析，研究了叶片养分元素含量与产量的关系，为确定湖南山核桃高产树的养分特征提供了重要的科学依据。

一、不同产量类型植株叶片中大量及中量元素的含量

(一)叶片中的氮、磷、钾含量

1. 氮的含量

不同产量类型植株叶片中氮含量差异明显。表 5-1 显示，高产树叶片中的氮含量在 2.03%～2.22%，平均含量为 2.15%，显著高于中产树和低产树，相互间的差异达到显著水平（$P<0.05$）。低产树叶片中氮含量在 1.54%～1.92%，平均含量为 1.67%。

2. 磷的含量

从表 5-1 看出，高产树叶片中的磷含量在 0.18%～0.27%，平均含量为 0.24%，显著高于中产和低产树，差异达到显著水平（$P<0.05$）。高产树和中产树磷的平均含量分别是低产树的 2.18 倍和 1.55 倍，说明树体中磷含量丰富是决定湖南山核桃是否高产的重要因素。

3. 钾的含量

不同产量类似植株叶片中钾的含量差异更加明显，高产树和中产树叶片中钾的含量分别为 0.73%～0.92% 和 0.47%～0.61%，其含量平均值分别是低产树的 3.23 倍和 2.08 倍，说明叶片钾的含量丰富是湖南山核桃高产的重要树体养分特征。

表 5-1　　不同产量类型的湖南山核桃植株叶片大量及中量营养元素含量

测定指标	产量类型	含量	平均值
N/%	高产树	2.03～2.22	2.15 a
	中产树	1.95～2.11	2.01 b
	低产树	1.54～1.92	1.67 c
P/%	高产树	0.18～0.27	0.24 a
	中产树	0.16～0.19	0.17 b
	低产树	0.08～0.14	0.11 c
K/%	高产树	0.73～0.92	0.84 a
	中产树	0.47～0.61	0.54 b
	低产树	0.22～0.31	0.26 c
Ca/%	高产树	2.90～3.18	3.05 a
	中产树	2.89～3.14	3.01 a
	低产树	1.65～1.88	1.74 b
Mg/%	高产树	1.15～1.21	1.18 a
	中产树	1.08～1.12	1.10 b
	低产树	0.90～1.05	0.94 c

注：同一列中不同小写字母表示高、中、低产树之间营养元素含量的差异显著（$P<0.05$）。每个产量类型的取样样本数为 54（$n=54$）

（二）叶片中的钙、镁含量

1. 钙的含量

表 5-1 显示，在高产树和中产树的叶片中，钙的含量分别在 2.90%～3.18% 和 2.89%～3.14%，钙含量平均值的差异不显著，但低产树叶片中钙含量低了很多，仅为 1.65%～1.88%，平均为 1.74%，与高产树和中产树的差异达到显著水平（$P<0.05$）。

2. 镁的含量

从表 5-1 看出，不同产量类似植株叶片中镁含量的变化幅度没有氮、磷、钾元素的大，但高、中、低产树叶片中镁的含量是有显著差异的，表现出高产树>中产树>低产树的规律。

二、不同产量类型植株叶片中微量元素的含量

（一）叶片中的铁、锰含量

1. 铁的含量

铁是湖南山核桃叶片中含量仅次于锰的微量元素。表 5-2 显示，高产树和中产树叶片中铁的含量在 138.35～160.63mg·kg^{-1}，含量平均值在二者间的差异不显著，但与低产树的

进行比较具有显著差异，高产树和中产树叶片中铁的含量明显比低产树的高。说明树体缺铁对湖南山核桃果实产量有不利的影响。

2. 锰的含量

锰是湖南山核桃叶片中含量最高的微量元素。在不同产量类型的植株叶片中，锰的最低含量为 904.58mg·kg^{-1}，最高含量达到 2281.59 mg·kg^{-1}。表 5-2 显示，不同产量类型的植株叶片中锰的含量差异不显著。对锰元素吸收多可能是山核桃属植物共同的营养特性，类似的情况山核桃(*Carya cathayensis*)上也有报道(陈世权等，2010)，在不同的成土母质土壤上山核桃叶片中锰的含量大多高于 1000mg·kg^{-1}。湖南山核桃叶片中锰含量高有两种可能：一是本身的营养需求特性，即这一树种对锰元素的需求量大；二是对锰元素的奢侈吸收所致，第二种情况的可能性更大。

表 5-2　不同产量类型的湖南山核桃植株叶片中的微量元素含量

测定指标	产量类型	含量	平均值
Fe/(mg·kg^{-1})	高产树	138.35～160.63	147.01 a
	中产树	142.19～153.16	146.34 a
	低产树	92.51～135.10	103.67 b
Mn/(mg·kg^{-1})	高产树	947.33～2281.59	1480.81 a
	中产树	976.60～2061.93	1429.37 a
	低产树	904.58～2150.01	1509.41 a
Cu/(mg·kg^{-1})	高产树	9.80～10.47	10.24 a
	中产树	9.12～9.95	9.57 b
	低产树	8.43～8.96	8.69 c
Zn/(mg·kg^{-1})	高产树	50.13～68.65	59.06 a
	中产树	43.21～49.17	46.44 b
	低产树	23.24～37.83	25.01 c
B/(mg·kg^{-1})	高产树	40.06～48.33	45.10 a
	中产树	28.19～33.42	30.59 b
	低产树	15.04～22.15	18.21 c

注：同一列中不同小写字母表示高、中、低产树之间营养元素含量的差异显著($P<0.05$)。每个产量类型的取样样本数为 54($n=54$)

(二)叶片中的铜、锌、硼含量

1. 铜的含量

铜是湖南山核桃叶片中含量最低的微量元素，在不同产量类型植株叶片中铜的含量在 8.43～10.47mg·kg^{-1}，在高、中、低产树叶片中铜的含量有显著差异。

2. 锌的含量

湖南山核桃叶片中锌的含量明显高于铜。高产树叶片中锌的含量在 50.13～68.65 mg·kg⁻¹，平均含量 59.06mg·kg⁻¹，是低产树的 2.36 倍，中产树叶片中锌的含量也明显高于低产树，高、中、低产树叶片中锌的含量差异显著(P<0.05)。这一研究结果说明，叶片中锌的含量多少对湖南山核桃的产量影响很大。

3. 硼的含量

从表 5-2 看出，湖南山核桃高、中、低产树叶片中硼的含量变化趋势与锌元素相类似，高产树叶片中硼的含量在 40.06～48.33mg·kg⁻¹，平均含量 45.10mg·kg⁻¹，比低产树高了 1.48 倍，中产树叶片中硼的含量也明显高于低产树，低产树叶片中硼的含量仅在 15.04～22.15mg·kg⁻¹，平均含量最低，只有 18.21mg·kg⁻¹。高、中、低产树叶片中硼的平均含量差异达到显著水平(P<0.05)。

三、不同产量类型林地土壤有效养分与叶片营养元素含量的相关性

(一)土壤速效氮、磷、钾与叶片中营养元素含量的相关性

1. 土壤速效氮与叶片中的营养元素

将不同产量类型林地土壤有效养分元素含量与叶片中营养元素含量进行相关分析，得出表 5-3 的相关系数，从相关系数的显著性测定结果看出，土壤速效氮与叶片中的氮、磷、钾、铜、锌、硼呈极显著正相关，与叶片中的镁和锰含量呈显著正相关，而与叶片中铁含量相关性不明显。

表 5-3　湖南山核桃土壤速效氮、磷、钾和交换性钙、镁与叶片营养元素含量的相关性(n=54)

相关因子	叶片中的营养元素									
	N	P	K	Ca	Mg	Fe	Mn	Cu	Zn	B
速效 N	0.91**	0.91**	0.89**	0.45	0.74*	0.22	0.67*	0.85**	0.81**	0.86**
速效 P	0.83**	0.98**	0.96**	0.20	0.68*	0.32	0.56	0.86**	0.91**	0.90**
速效 K	0.73*	0.88**	0.97**	0.23	-0.69*	0.42	0.71*	0.86**	0.77**	0.83**
交换性钙	0.29	-0.92**	0.31	0.96**	-0.83**	-0.88**	0.19	0.41	-0.89**	-0.91**
交换性镁	0.70*	-0.84**	0.38	0.15	0.93**	-0.69*	0.31	0.24	0.37	0.41

注：标注"**"的相关系数表示达到极显著(P<0.01)；标注"*"的相关系数表示达到显著(P<0.05)

2. 土壤速效磷与叶片中营养元素

土壤速效磷含量与叶片中氮、磷、钾、镁、铜、锌、硼的含量呈极显著正相关，与叶片中镁的含量呈显著正相关，与叶片中钙、铁、锰的含量相关性不显著。

3. 土壤速效钾与叶片中营养元素

土壤速效钾含量与叶片中氮、磷、钾、铜、锌、硼的含量呈极显著正相关，与叶片中锰的含量呈显著正相关，与叶片中钙、铁含量的相关性不显著，与叶片中的镁含量呈显著负相关。

4. 土壤交换性钙与叶片中营养元素

土壤中交换性钙的含量与叶片中氮、钾、锰、铜含量相关性不明显，但与叶片中磷、镁、铁、锌、硼的含量呈极显著负相关，说明土壤中交换性钙含量过高不利于湖南山核桃对磷、镁、铁、锌、硼元素的吸收，这是因为土壤中钙离子过多会降低土壤中磷、镁、铁、锌、硼等元素的有效性(樊卫国，2014)，类似情况在喀斯特石灰性土壤上的柑橘园中也表现得极为普遍。

5. 土壤交换性镁与叶片中营养元素

土壤中交换性镁的含量与叶片中氮、镁的含量分别呈显著和极显著正相关，与叶片中磷、铁含量分别呈极显著和显著负相关，与叶片中钾、钙、锰、铜、锌、硼元素含量相关性不显著。

(二) 土壤微量元素与叶片中营养元素含量的相关性

1. 土壤有效铁与叶片中营养元素

表 5-4 显示，土壤中有效铁含量与叶片中氮的含量呈显著正相关，与叶片中磷、钾、铁、锌、硼元素的含量呈显著负相关，说明土壤中的还原性铁离子过多不利于湖南山核桃对磷、钾、钙、锌、硼元素的吸收。土壤中有效铁含量与叶片中镁和锰的含量相关性不明显，与叶片中铜和锌的含量有负相关趋势，但相关系数未达到显著水平。

表 5-4　湖南山核桃土壤有效微量元素与叶片营养元素含量的相关性(n=54)

相关因子	叶片中的营养元素									
	N	P	K	Ca	Mg	Fe	Mn	Cu	Zn	B
有效 Fe	0.68*	-0.69*	-0.66*	-0.86**	0.31	0.89**	0.15	-0.54	-0.50	-0.64*
有效 Mn	-0.47	-0.37	-0.48	0.17	0.27	-0.10	0.94**	-0.31	-0.68*	-0.44
有效 Cu	0.86**	0.84**	0.89**	0.30	0.25	0.06	0.17	0.91**	0.87**	0.85**
有效 Zn	0.84**	0.82**	0.87**	-0.94**	0.30	0.27	-0.70*	0.81**	0.89**	0.86**
有效 B	0.87**	0.96**	0.96**	-0.96**	0.24	0.35	0.12	0.81**	0.90**	0.91**

注：标注 "**" 的相关系数表示达到极显著(P<0.01)；标注 "*" 的相关系数表示达到显著(P<0.05)

2. 土壤有效锰与叶片中营养元素

土壤中有效锰含量与叶片中氮、磷、钾、铁、铜、硼元素含量的关系虽然表现出负相关的趋势，但相关系数未达到显著水平，与叶片中锌含量呈显著负相关，与叶片中钙、镁含量的相关性不明显，与叶片中锰的含量呈极显著的正相关关系。

3. 土壤有效铜与叶片中营养元素

从表5-4看出，土壤中的有效铜含量与叶片中的氮、磷、钾、铜、锌、硼含量呈极显著正相关，与叶片中的钙、镁、铁、锰的相关性不明显。

4. 土壤有效锌与叶片中营养元素

土壤中有效锌含量与叶片中的氮、磷、钾、铜、锌、硼含量呈极显著正相关，与叶片中的钙和锰含量分别呈极显著和显著负相关，与叶片中的镁、铁含量的相关性不明显。

5. 土壤有效硼与叶片中营养元素

土壤中的有效锌含量与叶片中的氮、磷、钾、铜、锌、硼含量呈极显著正相关，与叶片中钙的含量呈极显著负相关，与叶片中的镁、铁、锰含量的相关性不明显。

四、湖南山核桃单株果实产量与叶片营养元素含量的相关性

将连续两年对不同产量类型林地植株叶片中营养元素含量的测定结果与单株果实产量进行相关分析后，得出表5-5中叶片营养元素含量与单株果实产量的相关系数，从中可以看出，单株果实产量与叶片中的氮、磷、钾、镁、铜、锌、硼的含量呈极显著正相关，与叶片中的钙、铁和锰含量的相关性不明显。

表5-5 湖南山核桃单株果实产量与叶片营养元素含量的相关性（$n=54$）

营养元素	N	P	K	Ca	Mg	Fe	Mn	Cu	Zn	B
相关系数	0.84**	0.99**	0.98**	0.24	0.89**	0.35	0.53	0.84**	0.92**	0.94**

注：标注"**"的相关系数表示达到极显著（$P<0.01$）；标注"*"的相关系数表示达到显著（$P<0.05$）

根据表5-5中相关系数绝对值的大小判断，湖南山核桃果实产量受叶片中营养元素含量影响的敏感程度大小顺序为磷＞钾＞硼＞锌＞镁＞铜＞氮，因此要实现湖南山核桃高产，对树体的磷、钾、硼养分管理应引起更加高度的重视。

值得指出的是，表5-5中叶片营养元素含量与单株果实产量的相关性是在所选定的林地范围内测定分析的结果，不能排除在更大的范围内取样测定后出现叶片中某些营养元素含量过高反而产量降低的情况。

第5节 湖南山核桃高产林地的土壤及树体养分特征

揭示湖南山核桃高产的林地土壤及树体养分特征与特性，对于指导湖南山核桃林地

土壤及树体养分调控及管理与高产栽培有极其重要的科学意义。这一研究工作的重点内容是明确保证湖南山核桃高产的土壤有机质和有效养分含量要求，包括土壤中重要有效养分元素的比例，判断保证湖南山核桃高产的叶片养分含量指标。

一、湖南山核桃高产林地的土壤养分特征

(一)高产林地土壤的有机质含量

1. 土壤有机质对湖南山核桃高产的重要性

土壤有机质本身含有丰富的养分元素，在其矿化过程中有机质向土壤释放大量的有效氮、磷、钾、镁、铁、铜、锌、硼等养分元素。土壤有机质能够改善土壤的物理性质和化学性质，改善土壤透气性，提高土壤对 H^+ 和 OH^- 的缓冲性，维持土壤水分、温度和 pH 的稳定性。有机质能够增加土壤团聚体，有利于植物吸收的养分元素离子的吸附，保持土壤养分。在酸性土壤中通过与单体铝化合物的复合，降低土壤中交换性铝的含量，从而减少铝对植物根系的伤害。微生物是重要的土壤肥力因素，在有机质含量丰富的土壤中，促进土壤养分释放的功能性微生物种群数量增大，土壤肥力明显提高。伴随土壤中有机质的分解，与植物养分吸收密切相关的磷酸酶、硝酸还原酶、脲酶等活性增强，释放的多种维生素、激素和抗生素促进了植物根系的生长发育和对营养元素的吸收。

研究发现，湖南山核桃树体生长发育状况及果实产量的高低与林地土壤中有机质含量多少有密切的关系，土壤有机质含量丰富对促进湖南山核桃树体生长发育和提高产量品质有重要的作用。

2. 高产林地土壤的有机质含量

我们曾对贵州黔东南地区 56 株树龄 100 年以上仍然连续丰产的湖南山核桃树林地土壤进行取样测定，在 0～40cm 的土壤剖面中有机质含量在 2.25%～3.27%。在贵州锦屏地区湖南山核桃高产林地的土壤中，有机质含量为 2.34%～2.77%，平均含量为 2.62%，处于我国土壤有效养分分级标准中有机质含量最适宜值在 2.0%～3.0%。因此，土壤有机质含量丰富是贵州黔东南地区湖南山核桃高产林地的重要养分特征。

根据多年调查及研究结果，我们认为要实现湖南山核桃的持续高产，林地土壤有机质含量的限制性指标应不小于 2%，有机质含量达到 2.5%左右有利于湖南山核桃高产。

(二)高产林地的土壤养分特征

1. 高产林地土壤有效氮、磷、钾养分的比例

土壤养分的平衡供给是保证湖南山核桃正常生长发育和优质高产的重要前提，要使湖南山核桃达到高产，土壤必须保持足够水平的有效养分含量和适当的比例，如果比例失调，树体将会失去生理平衡，难以实现高产。根据我们多年的研究和测定结果统计分析，湖南山核桃高产林地土壤中速效氮、磷、钾养分含量比例为 8∶2∶10。

2. 土壤有效养分元素对果实产量影响的敏感程度

根据土壤有效养分含量与果实产量的相关系数大小及其显著性程度，可以判断湖南山核桃果实产量受土壤有效养分元素含量影响的敏感程度大小。在贵州黔东南湖南山核桃产区，土壤有效营养元素对果实产量影响的敏感程度大小的顺序为磷＞钾＞铜＞硼＞氮＞锌＞钙、镁、铁、锰。其中土壤速效磷含量对果实产量的影响最大，其次是速效钾，有效铜和有效硼含量对果实产量的影响大于速效氮和有效锌，土壤中的交换性钙、镁和有效铁、锰的含量对果实产量的影响最小。值得指出的是，在不同的地区由于土壤养分状况、树龄、树势等的差异，不同营养元素对果实产量的影响程度大小肯定会有差异，这是植物营养学的最小养分律所决定的，植物产量受最少的养分元素所制约。在贵州黔东南湖南山核桃产区，土壤中磷、钾养分严重缺乏是湖南山核桃低产最主要的原因，因此提高土壤中磷、钾养分的含量比提高其他养分元素含量更能有效地增加果实产量。土壤速效磷和速效钾对影响湖南山核桃果实产量的敏感程度高是有前提条件的表现结果，其前提条件就是贵州黔东南湖南山核桃产区的土壤养分状况。

3. 高产林地的土壤养分特征

(1)高产林地土壤氮、磷、钾养分特征

表 5-6 是湖南山核桃高产林地的土壤养分含量平均值，表 5-7 列出了我国第二次土壤普查分级标准(全国农业技术推广服务中心，2006)，将二者进行比较，湖南山核桃高产林地土壤速效磷、速效钾含量处于丰富和最适宜标准范围，而速效氮处于适宜值范围。因此，在贵州黔东南地区湖南山核桃高产林地具有富磷、钾，氮中等的土壤养分特征。

表 5-6 湖南山核桃高产林地土壤有效养分含量(n=27)   (单位：mg·kg⁻¹)

元素	速效 N	速效 P	速效 K	交换性 Ca	交换性 Mg	有效 Fe	有效 Mn	有效 Cu	有效 Zn	有效 B
平均含量	89.97	27.45	117.67	2307.61	358.61	44.71	34.79	1.85	1.63	0.87

表 5-7 全国第二次土壤普查土壤有效养分分级标准

分级	有机质/ (g·kg⁻¹)	速效 N/ (mg·kg⁻¹)	速效 P/ (mg·kg⁻¹)	速效 K/ (mg·kg⁻¹)	备注
1	>40	>150	>40	>200	很丰富
2	30～40	120～150	20～40	150～200	丰富
3	20～30	90～120	10～20	100～150	最适宜
4	10～20	60～90	5～10	50～100	适宜
5	6～10	30～60	3～5	30～50	缺乏
6	<6	<30	<3	<30	很缺乏

(2)高产林地土壤钙、镁养分特征

目前我国尚无统一的土壤钙、镁养分分级评价指标体系。张福锁等(2011)推荐了美国一些地区果园土壤交换性钙和交换性镁养分含量分级标准用于我国果园土壤养分指标评价，其中交换性钙和交换性镁含量的中等值分别为 600～1000mg·kg^{-1} 和 100～500mg·kg^{-1}。将表 5-6 中高产林地土壤交换性钙、镁含量平均值与此比较，贵州黔东南地区的湖南山核桃高产林地具有高钙、镁适中的土壤养分特征。值得指出的是，这一特征并不表明湖南山核桃高产就需要土壤中含有很高的钙，这只是对特定地区湖南山核桃高产林地的土壤钙含量高的客观表述。

(3)高产林地土壤主要微量元素养分特征

刘铮等(1982)在对我国缺乏微量元素的土壤及其区域分布的研究中，提出了土壤有效微量元素的分级和评价指标，其中有效锰的临界值为 100mg·kg^{-1}，中等值为 101～200mg·kg^{-1}；酸性土壤的有效铜临界值分别为 2.0mg·kg^{-1}，中等值为 2.1～4.0mg·kg^{-1}；酸性土壤的有效锌临界值为 1.5mg·kg^{-1}，中等值为 1.6～3.0mg·kg^{-1}；土壤的有效硼临界值为 0.5mg·kg^{-1}，中等值为 0.51～1.0mg·kg^{-1}。将表 5-6 中高产林地土壤微量元素含量平均值与此比较，贵州黔东南地区的湖南山核桃高产林地土壤具有有效锰、铜含量过低和有效锌、硼含量适宜的明显特征。

二、高产林地的树体养分特征

(一)高产树营养枝叶片和短新梢的碳氮比

1. 营养枝叶片的碳氮比

植物花芽分化的碳氮比在营养学说上早已得到公认，在植物体内碳水化合物与含氮量的比值(C/N)大时有利于植物成花，这是因为丰富的碳水化合物和较多的含氮养分物质能够满足花芽分化的基本营养条件。然而植物花芽分化的碳氮比营养学说也存在弊端，在碳水化合物含量较低、含氮营养物质极低的条件下，C/N 比也高，这种情况反而不利于成花。

形成数量足够且质量好的花芽是湖南山核桃高产的重要前提条件，这需要丰富的碳水化合物和适量的含氮养分物质给予保证。为了探究湖南山核桃高产的营养特征，我们连续两年分别在每年的 6 月、7 月和 8 月中旬对湖南山核桃高、中、低产样本树营养枝叶片中的碳水化合物和氮含量进行了分析测定，结果表明湖南山核桃高产树的叶片中碳水化合物和氮的含量明显高于中产树和低产树，C/N 比也是如此。从表 5-8 看出，高产树营养枝叶片中碳水化合物及氮的含量和 C/N 比与中产树和低产树间的差异达到显著水平($P<0.05$)。

表 5-8　不同产量状态下的湖南山核桃营养枝叶片碳水化合物及氮的含量和碳氮比

产量类型	碳水化合物含量/%	氮含量/%	C/N
高产树	12.52 ± 0.16a	2.15 ± 0.08 a	5.82 ± 0.29 a
中产树	10.45 ± 0.20b	2.01 ± 0.10 b	5.20 ± 0.25 b
低产树	8.28 ± 0.11 c	1.67 ±0.06 c	4.96 ± 0.14 c

注：同一列中不同小写字母表示高、中、低产树之间的差异显著($P<0.05$)。每个产量类型的取样样本数为 54($n=54$)

值得指出的是，湖南山核桃高产树叶片的 C/N 比大是在碳水化合物和氮的含量都丰富的条件下表现出来的，因此丰富的碳水化合物和较高的氮含量满足了湖南山核桃花芽分化的基本营养条件，这是高产林地的一个重要树体养分特征。

2. 短新梢的氮碳比

短新梢是湖南山核桃花芽着生的重要器官，其中的碳水化合物和氮养分物质的含量多少直接对花芽分化和产量高低有着重要的影响。研究结果表明（表 5-9），湖南山核桃高产树短新梢的碳水化合物和氮的含量最高，C/N 比大于中产树和低产树，相互间差异达到显著水平（$P<0.05$）。从表 5-9 看出，低产树短新梢的 C/N 比为 3.92，比中产树高，这是因为短新梢中含氮量过低引起的，在此条件下尽管 C/N 比大于中产树，但仍然表现低产。

表 5-9 不同产量状态下的湖南山核桃短新梢中碳水化合物及氮的含量和碳氮比

产量类型	碳水化合物/%	N/%	C/N
高产树	7.15 ± 0.13 a	1.64 ± 0.07 a	4.36 ± 0.10 a
中产树	4.32 ± 0.16 b	1.33 ± 0.05 b	3.18 ± 0.10 c
低产树	3.10 ± 0.11 c	0.79 ±0.04 c	3.92 ± 0.14 b

注：同一列中不同小写字母表示高、中、低产树之间的差异显著（$P<0.05$）。每个产量类型的取样样本数为 54（$n=54$）

（二）高产树叶片的养分元素含量指标

探究湖南山核桃高产树群体的叶片中不同营养元素的含量指标，对于建立湖南山核桃树体营养叶分析诊断有极其重要的意义。我们在贵州黔东南锦屏地区连续 3 年对湖南山核桃高产样地中 54 个单株叶片的营养元素含量进行测定后，得出表 5-10 中高产树叶片营养元素含量指标，其中锰的含量很高，这种情况与板栗等坚果树种相似。此外，叶片中铁含量的变异系数较大，达到 15.73%，说明湖南山核桃高产树群体叶片中铁的含量差异性较大。对于其他营养元素，其含量的变异系数在 1.69%～6.80%，说明在湖南山核桃高产树的叶片中大多数营养元素含量的变化幅度较小，换言之，高产树群体的叶片中不同营养元素的含量是较为稳定的。

表 5-10 湖南山核桃高产树叶片中的营养元素含量

营养元素	含量	平均值	标准差	变异系数/%
N/%	2.03～2.22	2.15	0.12	5.58
P/%	0.18～0.27	0.24	0.01	4.17
K/%	0.73～0.92	0.84	0.05	5.95
Ca/%	2.90～3.18	3.05	0.11	3.61
Mg/%	1.15～1.21	1.18	0.02	1.69
Fe/(mg·kg^{-1})	138.35～160.63	147.01	23.12	15.73

营养元素	含量	平均值	标准差	变异系数/%
Mn/(mg·kg⁻¹)	947.33～2181.59	2040.81	109.56	5.37
Cu/(mg·kg⁻¹)	9.80～10.47	10.24	0.53	5.16
Zn/(mg·kg⁻¹)	50.13～68.65	59.06	3.15	3.55
B/(mg·kg⁻¹)	40.06～48.33	45.10	3.07	6.80

注：同一列中不同小写字母表示高、中、低产树之间营养元素含量的差异显著（$P<0.05$）。每个产量类型的取样样本数为 54（$n=54$）

　　值得指出的是，表 5-10 中营养元素含量的变异系数是连续 3 年的测定结果，说明湖南山核桃高产树叶片的大多数营养元素含量在不同年份中是较稳定的。因此，叶片中的营养元素含量达到相应的范围且含量相对稳定是湖南山核桃高产林的又一养分特征。

参 考 文 献

陈世权, 黄坚钦, 黄兴召, 等, 2010. 不同母岩发育山核桃林地土壤性质及叶片营养元素分析[J]. 浙江林学院学报, 27(4): 572—578.

樊卫国, 2014. 喀斯特河谷及山地柑橘生理生态与栽培[M]. 贵阳: 贵州科技出版社.

郭传友, 黄坚钦, 王正加, 等, 2006. 大别山山核桃果实品质与土壤性质的相关分析[J]. 经济林研究, 24 (4): 19—22.

洪游游, 唐小华, 王慧, 1997. 山核桃林土壤肥力的研究[J]. 浙江林业科技, 17(6): 1—8.

侯红波, 颜正良, 潘晓杰, 等, 2004. 立地条件对湖南山核桃产量与胸径的影响[J]. 经济林研究, 22(2): 49—50.

刘铮, 朱其清, 唐丽华, 等, 1982. 我国缺乏微量元素的土壤及其区域分布[J]. 土壤学报, 13(3): 209—223.

全国农业技术推广服务中心, 2006. 土壤分析技术规范(第二版)[M]. 北京: 中国农业出版社.

臧成凤, 樊卫国, 潘学军, 2016. 供磷水平对铁核桃实生苗生长、形态特征及叶片营养元素含量的影响[J]. 中国农业科学, 49(2)319—330.

张福锁, 2011. 测土配方施肥技术[M]. 北京: 中国农业大学出版社.

第6章
湖南山核桃成花的营养基础与环割促花技术

　　湖南山核桃嫁接苗栽植的营养期或实生苗栽植的童期都较长，嫁接苗栽植一般 3～4 年结果，实生苗栽植后始果期长达 7～8 年。无论栽培何种繁殖方式的苗木，湖南山核桃幼树期营养生长较为旺盛，10 年左右的湖南山核桃树成花困难，因此幼龄林地的果实产量低。在揭示湖南山核桃花芽分化特性及成花的营养条件基础上，探究促进成花的技术措施及效果，对于提高湖南山核桃幼龄林地的果实产量有重要的科学意义和实用技术价值。有关湖南山核桃成花的营养基础和促进花芽分化的调控技术在过去的研究中未见报道。为此，我们研究了有利于湖南山核桃成花的土壤营养条件和树体养分基础，比较了不同时期主干环割的促花效果。研究结果表明：大量成花的湖南山核桃林地土壤的有机质含量及速效氮、磷、钾含量都处于或大于湖南山核桃林地土壤营养诊断养分含量分级标准的适量范围，而少量成花或未成花的湖南山核桃林地土壤的养分含量指标与此相比要低得多。在 2～4 月份雌花芽的生理及形态分化期和 6～9 月份雄花芽的生理及形态分化期，大量成花树的叶片中氮、磷、钾养分元素和碳水化合物的含量明显高于未成花树和少量成花树，增大叶片中的碳氮比有利于湖南山核桃的花芽分化。在 2 月份雌花芽生理分化期，大量成花树的短枝中含有较为丰富的有利于雌花芽生理分化的游离蛋氨酸、精氨酸和腐胺、精胺及亚精胺。主干环割是果树主要的促花技术措施，对于 20 年以下的湖南山核桃旺长树，主干环割促花的适宜时期是 7 月上旬，环割的宽度建议为 0.5cm，过宽不利于主干环割口的愈合，过窄不利于成花。7 月上旬环割促花的效果最好，环割后雌花芽与雄花芽的比例大约为 10∶1，这一比例既保证有足够的雌花和雄花授粉的需要，又能够避免大量雄花的分化消耗树体养分。

第 1 节　湖南山核桃成花的营养基础

一、大量成花树的林地土壤营养条件

　　花芽的形成是湖南山核桃高产的重要前提。探明土壤主要养分含量对湖南山核桃成花的影响，可为湖南山核桃高产的土壤施肥管理及土壤养分调控提供重要依据。为此，我们在贵州锦屏湖南山核桃产区分别选择大量成花和少量成花的湖南山核桃林地进行土壤取样，分析测定主要养分含量，比较大量成花和少量成花的湖南山核桃林地土壤养分的含量差异，确定有利于湖南山核桃成花的土壤营养条件。

　　表 6-1 显示，在贵州锦屏湖南山核桃主产区，大量成花的湖南山核桃林地土壤有机质

含量丰富，达到 3.28%，而少量成花的湖南山核桃林地土壤中的有机质含量仅为 1.35%，二者的差异达到极显著水平 ($P<0.01$)。在湖南山核桃林地土壤营养诊断的养分含量分级标准中，土壤有机质含量的适量值为 2.0%～3.5%，低量值为 1.0%～2.0%，缺乏值为<1.0%。因此，大量成花树林地的土壤中的有机质含量处于适宜范围内，土壤有机质含量丰富是湖南山核桃成花的重要营养条件。

表 6-1　贵州锦屏地区大量成花和少量成花的湖南山核桃林地土壤养分含量的差异

养分	有机质 /%	全 N /(g·kg⁻¹)	全 P /(g·kg⁻¹)	全 K /(g·kg⁻¹)	速效 N /(mg·kg⁻¹)	速效 P /(mg·kg⁻¹)	速效 K /(mg·kg⁻¹)
大量成花树的林地	3.28 A a	0.22 Aa	0.28 Aa	2.64 Aa	106.91Aa	24.71Aa	127.33 Aa
少量成花树的林地	1.35 Bb	0.14 Bb	0.11 Bb	0.97 Bb	73.76 Bb	12.57 Bb	50.14 Bb

注：在一列的大量成花和少量成花树林地土壤同一养分含量的差异显著性测定采用 T 检验，不同的大写和小写字母分别表示达到 0.01 和 0.05 的极显著和显著水平

大量成花树的林地土壤中全氮、全磷和全钾含量也极显著地高于少量成花树的，速效氮、速效磷和速效钾的含量分别为 106.91mg·kg⁻¹、24.71mg·kg⁻¹ 和 127.33mg·kg⁻¹，均处于湖南山核桃林地土壤营养诊断的养分含量分级标准的适量范围（分级标准见第 7 章第 2 节），而少量成花树的林地土壤中速效氮、速效磷和速效钾的含量都很低，其中速效氮和速效磷含量分别低于 90～120mg·kg⁻¹ 和 10～20mg·kg⁻¹ 的适量值标准，速效钾含量仅为 50.14mg·kg⁻¹，处于土壤养分分级标准缺乏值（<70 mg·kg⁻¹）范围。

研究结果表明，要保证湖南山核桃正常形成足够的花芽，土壤养分含量必须达到土壤营养诊断的养分含量分级标准中的适量范围，这是湖南山核桃正常成花的重要土壤营养基础。

二、大量成花树的树体营养条件

（一）大量成花和未成花树的叶片中氮、磷、钾含量及差异

1. 叶片中氮含量及差异

在贵州锦屏地区对大量成花树和未成花树的叶片取样分析后进行比较，发现大量成花树叶片中的氮含量始终高于未成花树，图 6-1 显示，在 4 月、6 月和 8 月 3 个时期，湖南山核桃大量成花树和未成花树的叶片氮含量差异都达到显著水平 ($P<0.05$)，只是在 10 月下旬的氮含量差异不显著，这与进入秋季后叶片中的氮回流到树体有关。

4 月份正处于幼叶生长期，也是湖南山核桃的雄花序发育和雌花芽形态分化的重要时期，大量成花树叶片中丰富的氮营养有利于雄花序发育和雌花芽形态分化。

2. 叶片中磷含量及差异

图 6-2 显示，在生长季中，大量成花树和未成花树叶片中磷的含量从春季到秋季表

现出明显降低趋势，但在取样的 4 个时期中，叶片中的磷含量均显著高于未成花树，说明树体中丰富的磷含量是湖南山核桃成花的重要营养条件。在 4 月份湖南山核桃的雄花序发育和雌花芽形态分化时期，大量成花树叶片中磷的含量比未成花树的高了很多，这是湖南山核桃大量成花的重要营养条件。

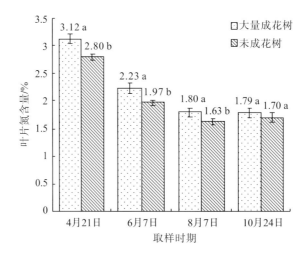

图 6-1   大量成花树与未成花树的叶片中氮含量的差异

注：同一时期的氮含量的差异显著性测定采用 T 检验

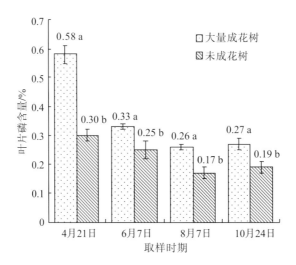

图 6-2   大量成花树与未成花树的叶片中磷含量的差异

注：同一时期的磷含量的差异显著性测定采用 T 检验

3. 叶片中钾含量及差异

图 6-3 是不同时期大量成花树和未成花树的叶片钾含量状况。在生长季中叶片钾含量随季节的变化表现的趋势与氮和磷的相似，在取样的 4 个时期中，大量成花树的钾含量也显著高于未成花树，4 月份湖南山核桃的雄花序发育和雌花芽形态分化时期大量成

花树叶片中钾的含量也明显高于未成花树，这是花芽形成期湖南山核桃大量成花树的又一个重要特征。

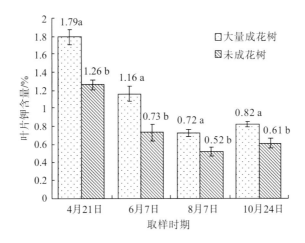

图 6-3 大量成花树与未成花树的叶片中钾含量的差异

注：同一时期的钾含量的差异显著性测定采用 T 检验

4. 叶片中碳水化合物含量及 C/N 差异

碳素营养物质是植物花器官建造的基础养分，叶片和枝梢中的碳素营养丰富有利于花芽的形成。木本植物体内碳素营养与氮素营养物质的比例大时有利于成花已是毋庸置疑的规律，因此 C/N 比成花学说得到人们的一致认同。湖南山核桃大量成花树的碳素营养丰富在我们的研究中也得到证实，因此这一树种花芽分化必须以丰富的碳素营养物质为重要养分基础。

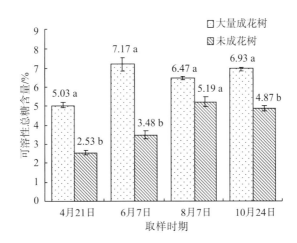

图 6-4 大量成花树与未成花树叶片中可溶性总糖含量的差异

注：同一时期的钾含量的差异显著性测定采用 T 检验

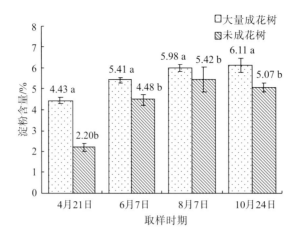

图 6-5　大量成花树与未成花树叶片中淀粉含量的差异

注：同一时期的淀粉含量的差异显著性测定采用 T 检验

从图 6-4～图 6-7 看出，大量成花的湖南山核桃树叶片中，在不同时期可溶性总糖和淀粉含量及碳水化合物的总量都比未成花树的要高得多，碳氮比值也比未成花树的大。在 4 月份湖南山核桃的雄花序发育和雌花芽形态分化期，大量成花叶片的可溶性总糖和淀粉含量、碳水化合物总量及 C/N 比明显大于未成花树，其差异达到显著水平（$P<0.05$）。然而在 4 月份以后，无论是大量成花树还是未成花，叶片中所有的碳素营养指标和 C/N 比都明显升高，这是湖南山核桃叶片不断发育成熟后光合能力增强的结果。

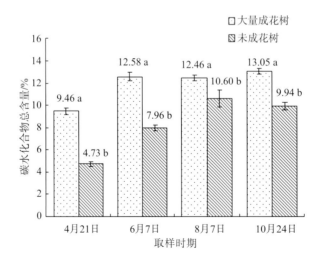

图 6-6　大量成花树与未成花树叶片中碳水化合物总含量的差异

注：同一时期碳水化合物中含量的差异显著性测定采用 T 检验

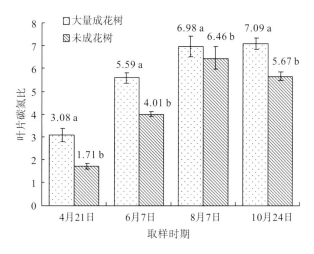

图 6-7　大量成花树与未成花树叶片碳氮比的差异

注：同一时期碳氮比值的差异显著性测定采用 T 检验

　　生长季节中后期叶片的碳素营养物质含量提高，表明碳素营养的源流增大，这对于增加树体的贮藏养分是十分有利的。湖南山核桃的雄花芽在当年 6～7 月和次年 2～4 月进行分化，当年叶片中碳水化合物含量丰富保证了当年雄花芽分化的碳素营养需求，同时也增多了秋季叶片碳素营养向枝干和根的回流量，贮藏养分的增加对春季 2～4 月树体养分重新水解输送到枝芽中继续完成雄花芽的分化是十分有利的。贮藏在枝干和根的碳水化合物及其他养分物质多，也是 2～4 月份湖南山核桃的雌花芽生理分化和形态分化的重要营养保障。

　　在我们的研究中发现，湖南山核桃低产树主要有两种情况，一种是营养生长过于旺盛的树，由于成花养分物质积累少，无论是雄花和雌花都难以分化，雄花和雌花都少。另外一种低产树的情况是有大量的雄花，雌花芽少，雄花与雌花的比例极大，这显然是当年先行分化的雄花芽消耗了为数不多的成花营养物质，贮藏养分少，难以保证次年雌花芽生理分化和形态分化的养分物质供给。因此，雄花芽的比例过大也是低产的重要原因和标志，这种情况的出现与树体贮藏的磷养分和碳素营养物质少有直接的关联。因此，在生长季节湖南山核桃叶片光合作用能力及碳素营养物质的输出能力强，树体积累的碳素营养物质多，是湖南山核桃成花的重要营养生理基础。

　　要促进湖南山核桃的成花，碳素营养物质的增源和合理分流是实施花芽分化调控措施必须遵循的原则。要通过相关技术措施提高叶片的光合生产能力和增加树体的贮藏养分，合理的养分分流是要通过合理的供氮和控制新梢过度生长等技术措施实现贮藏养分的大量积累，从而保证花芽分化的养分供给。

5. 萌动期短枝中游离氨基酸及腐胺、精胺和亚精胺含量及差异

　　游离氨基酸是植物花芽分化的重要养分物质(曹尚银等，2003)，腐胺、精胺和亚精胺对植物的花芽分化有促进作用，对湖南山核桃施以外源腐胺、精胺和亚精胺后，花芽

分化量明显增加(徐继忠等，2004)。湖南山核桃的雌、雄花芽是在上年或多年生短枝上形成的，从春季短枝萌动开始至 4 月份，雄花芽在上年夏季分化的基础上继续完成形态分化，与此同时，雌花芽开始进行生理分化和形态分化，完成以后雄花和雌花同时现蕾，然后开放。我们在 2010 年和 2011 年的 2 月中旬，分别对贵州黎平地区湖南山核桃高产林地和低产林地中的成年树短枝进行取样分析，表 6-2 显示，在大量成花高产树和少量成花低产树的短枝中，游离氨基酸总含量分别为 217.13mg·kg^{-1} WD 和 151.40mg·kg^{-1} WD，二者的差异达到极显著水平，在大量成花高产树短枝的 16 种游离氨基酸中，有 9 种游离氨基酸含量极显著地高于少量成花低产树的短枝，其中蛋氨酸和精氨酸在大量成花高产树短枝中的含量远比少量成花低产树的高了许多。

表 6-2　湖南山核桃大量成花高产树与少量成花低产树短枝中的游离氨基酸含量及差异

游离氨基酸种类	大量成花高产树短枝/(mg·kg^{-1} WD)	少量成花低产树短枝/(mg·kg^{-1} WD)	游离氨基酸种类	大量成花高产树短枝/(mg·kg^{-1} WD)	少量成花低产树短枝/(mg·kg^{-1} WD)
Glu 谷氨酸	12.05±0.03 Aa	11.83±0.08 Aa	Gly 甘氨酸	16.00±0.10 Aa	13.11±0.07 Bb
Asp 天冬氨酸	21.46±0.21Aa	14.55±0.21 Bb	Ala 丙氨酸	6.00±0.05 Aa	5.00±0.01 Ab
Lys 赖氨酸	15.04±0.15 Aa	12.36±0.06 Bb	Val 缬氨酸	9.35±0.09 Aa	4.12±0.01 Bb
His 组氨酸	5.98±0.06 Aa	6.04±0.05 Aa	Met 蛋氨酸	18.01±0.11 Aa	10.33±0.06 Bb
Arg 精氨酸	46.48±0.68 Aa	24.37±0.27 Bb	Ile 异亮氨酸	8.05±0.06 Aa	7.13±0.03 Ab
Thr 苏氨酸	13.89±0.08Aa	14.01±0.03 Aa	Leu 亮氨酸	12.37±0.10 Aa	5.16±0.04 Bb
Ser 丝氨酸	3.21±0.04 Aa	3.19±0.02 Aa	Tyr 酪氨酸	11.07±0.06 Aa	10.98±0.08 Aa
Pro 脯氨酸	11.01±0.09 Aa	10.89±0.07 Aa	Phe 苯丙氨酸	7.16±0.05 Bb	9.31±0.04 Aa
大量成花高产树短枝中游离氨基酸总含量(mg·kg^{-1} WD)	217.13±15.82 Aa		少量成花低产树短枝游离氨基酸总含量(mg·kg^{-1} WD)		151.40±11.35 Bb

注：表在相同两种氨基酸含量的差异显著性测定采用 T 检验，不同的大、小写字母分别表示达到 0.01 和 0.05 的显著水平

蛋氨酸和精氨酸分别是合成腐胺和精胺、亚精胺的前体物质(孙文全，1998；肖华山等，2002)，成花短枝中蛋氨酸和精氨酸的增加，势必增大腐胺、精胺及亚精胺的合成，这对湖南山核桃的花芽分化是有积极作用的。表 6-3 显示，大量成花高产树短枝中的腐胺、精胺及亚精胺含量明显高于少量成花的低产树，其含量差异达到了极显著水平($P<0.01$)，这表明腐胺、精胺及亚精胺对湖南山核桃花芽分化产生重要的促进作用，这一研究结果为探索湖南山核桃花芽分化的养分调控提供了重要依据。

表 6-3　湖南山核桃高产树与低产树短枝中的腐胺、精胺和亚精胺含量及差异

短枝类型	腐胺/(mg·kg^{-1} WD)	精胺/(mg·kg^{-1} WD)	亚精胺/(mg·kg^{-1} WD)
高产树短枝	48.64 ±1.96 Aa	32.57 ±0.31 Aa	28.32±0.23 Aa
低产树短枝	13.32±0.12 Bb	18.29±0.07 Bb	10.88±0.08 Bb

注：同一列中的含量差异显著性测定采用 T 检验，不同的大、小写字母分别表示达到 0.01 和 0.05 的显著水平

第 2 节　湖南山核桃的主干环剥促花技术

湖南山核桃 8 年生左右的实生树和营养生长过旺的树花芽分化少，这是其低产的直接原因。对木本树种的主干或大枝进行环剥后能够阻断养分向下运输，使成花的营养物质在环剥以上部位的枝芽中积累，从而促进花芽的分化。这一促花技术早已在其他树种上广泛应用。木本植物环剥促花的效果很大程度上取决于适宜的环剥时期，通常在花芽的形态分化期前进行环剥对促进花芽分化的效果更好。为了解决湖南山核桃实生幼树和营养生长过旺的树成花难的问题，我们选定 15 年生的低产旺长树进行主干环剥促花试验，以总结可供生产应用的环剥促花技术。

一、不同环剥时期对促进湖南山核桃旺长树成花的影响

（一）不同时期环剥对促进雌花形成的作用

两年的试验结果表明，不同时期对湖南山核桃主干进行环剥后成花的差异很大。图 6-8 显示的是对 16 年生旺长树分别于 5 月上旬、6 月上旬和 7 月上旬进行 1cm 宽度的主干环剥后成花的情况。

从图 6-8(a)可看出，5 月上旬进行环剥的雌花芽数占短枝芽数的比例为 29.74%，6 月上旬和 7 月上旬进行环剥后雌花芽数显著增加，雌花芽数占短枝芽数的比例分别 50.87%和 49.42%，相互间差异不显著。3 个时期环剥的雌花芽数量远远高于不环剥的对照(ck)，对照的雌花芽数量占短枝芽数量的比例仅为 6.04%。以上结果说明环剥能够明显促进湖南山核桃雌花芽的分化，增加雌花芽的数量。从时期效果来看，6 月上旬和 7 月上旬进行环剥对增加雌花数量的效果都很好。

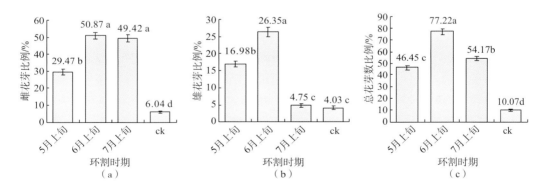

图 6-8　不同时期主干环剥对湖南山核桃旺长树上花芽数占短枝芽数比例的影响

（二）不同时期环剥对促进雄花形成的作用

从图 6-8（b）看出，分别在 5 月上旬和 6 月上旬进行环剥的雄花芽数占短枝芽数的比例明显增加了，分别为 16.98% 和 26.35%，显著高于 7 月上旬的环剥处理和不环剥的对照。7 月上旬的环剥处理和对照（不环剥）的雄花比例仅为 4.75% 和 4.03%，二者差异不显著。说明 5 月至 6 月进行环剥对湖南山核桃雄花分化有显著的促进作用。

（三）环剥促花适宜时期的确定

图 6-8 显示，不同时期环剥对增加湖南山核桃花芽数量有十分明显的作用，但对增加雌花芽和雄花芽数量的作用是有很大差异的。综合分析后我们认为 7 月上旬是较为适宜的环剥时期。因为这一时期环剥后雌花芽的数量与 6 月上旬环剥的差异不大，然而 6 月上旬环剥的雄花芽数量及比例较大。雄花芽数量大虽然有利于授粉，但大量的雄花形成和开花也会消耗大量的养分，这种情况不利于湖南山核桃提高产量。7 月上旬进行环剥后，虽然雄花芽的数量只占整个短枝芽的 4.75%，但每个雄花芽萌发后能够长出 3～5 个柔荑花序，每个花序上有上百个小花，每个小花中都有大量孢子（花粉），花粉量极大，因此只要有一定数量的雄花芽，萌发后产生的花粉就足以保证正常授粉的需要。

二、不同环剥宽度对促花和树体生长的影响

仅仅确定环剥的时期还不够，还要确定正确的环剥宽度。环剥的树皮宽度过宽，伤口不易愈合，环剥部位的韧皮部愈合联通需要的时间过长，会长期阻断树冠养分向根系的回流，抑制根系的生长，形成"小脚"树干，影响树干的正常生长发育，严重时会导致树干折断。环剥的树皮过窄，韧皮部很快愈合联通，起不到堵截养分回流根系的作用，不能有效地增加花芽数量。

（一）不同环剥宽度对成花的影响

图 6-9 显示的是对 15 年生低产旺长树环剥处理的成花结果。从中可以看出，随主干的环剥宽度增大，雌花芽数量和总花芽数量比例大幅度地增加，但对雄花芽数量及其占短枝芽数量比例的增加作用没有雌花芽那么明显。对于环剥宽度 0.5cm 的处理，雌花芽数量占短枝芽数量的比例达到 31.4%，这个数量已经足够大。环剥宽度达到 1cm 或 1.5cm 后，雌花芽占短枝芽的比例分别增大到 55.22% 和 65.99%，显然雌花芽的数量过多。因此，建议生产上按 0.5cm 的宽度进行环剥。如果是树龄更大的树，环剥的宽度可以适当地增大。环剥的适宜宽度可以根据环剥口愈合的情况来掌握，一般如果环剥后 60d 左右能够愈合，这样的环剥宽度是比较适当的。

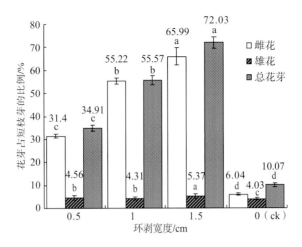

图 6-9 在 7 月上旬对湖南山核桃主干进行不同宽度环割后花芽占短枝芽的比例

(二) 主干环剥宽度过大对其生长的不利影响

图 6-10 显示的是主干环剥过宽出现的情况。对 5 年生幼树主干进行 1.5cm 宽的环剥后，环剥口第 2 年尚未愈合，第 3 年环剥伤口生长愈合后，环剥口出现明显的肿胀，主干上粗下细，这种情况对树体生长发育会产生不利的影响。因此，生产上进行环剥促花时一定要避免环剥口过宽。

图 6-10 环割宽度过大对主干生长的不利影响

参 考 文 献

曹尚银, 张秋明, 吴顺, 2003. 果树花芽分化机理的研究进展[J]. 果树学报, 20(5): 345—350

孙文全, 1989. 多胺代谢与园艺植物开花的关系[J]. 园艺学报, 16(3): 178—184.

肖华山, 吕柳新, 2002. 荔枝花芽和花性别分化研究进展[J]. 福建农林大学学报, 31(3): 334—338.

徐继忠, 陈海江, 李晓东, 等, 2004. 外源多胺对核桃雌雄花芽分化及叶片内源多胺含量的影响[J]. 园艺学报, 31(4): 437—440.

第 7 章
湖南山核桃的营养诊断

营养诊断技术在现代果树生产中的应用日益普及，在营养诊断的基础上对果树进行科学的营养管理，能够减少施肥的盲目性，提高养分资源的利用效率，降低生产成本。然而要实现这一目标，首先应该创建树种的营养诊断技术体系，其中包括树相诊断技术、恢复性诊断技术、叶分析诊断技术和土壤养分分析诊断技术。在技术体系的创建中，最难的工作是建立叶分析营养诊断的营养元素含量分级标准和土壤营养诊断的养分含量分级标准。要建立这两个标准，首先要在研究和确定树种叶片养分元素含量相对稳定的基础上，确定叶分析取样的合理时期，同时对不同产量状态下的果园土壤及树种的叶片进行大样本取样分析，通过大数据分析比较和施肥试验，才能制定出科学的营养诊断养分含量的分级标准。上述两个标准的创建是整个营养诊断技术体系的核心，完成这一工作需要长期的研究积累，因此国内外其他果树树种的营养诊断技术体系研发与创建一般要花费近 10 年或更长的时间，随着大数据分析应用技术的发展，这一时间大大缩短。迄今，在大部分果树及少部分经济树种上，营养诊断技术体系已经建立，有的还需要进一步完善。在此之前，湖南山核桃营养诊断技术体系没有建立，生产上对湖南山核桃林地土壤及树体养分的管理缺乏科学依据，影响其果实产量和品质的诸多营养问题不能解释，施肥及树体养分管理的盲目性极大，湖南山核桃产业的健康发展对营养诊断技术具有迫切需求。为此，从 2007 年我们开展了湖南山核桃营养诊断技术体系的创建工作，在贵州和湖南的主产区，通过大量的调查取样分析，研究湖南山核桃不同产量状态下土壤及树体养分含量与果实产量及品质的关系，最终确定了湖南山核桃叶分析营养诊断的营养元素含量分级标准和土壤营养诊断的养分含量分级标准，建立起湖南山核桃营养诊断技术体系。值得指出的是，任何树种的营养诊断技术都是需要不断完善的，湖南山核桃营养诊断技术也如此，即便是同一树种，由于栽培环境或目标产量的变化，营养诊断的养分含量分级标准也应作出适当的调整。

第 1 节　建立营养诊断技术的意义与科学原理

一、建立湖南山核桃营养诊断技术的重要意义

果树的营养诊断是通过叶分析、土壤分析或其他生理生化指标的测定和树体外观表现的观察比较等途径，对树体和土壤的营养状况进行科学、客观的诊断，从而判断果树体内养分的丰缺状况。半个多世纪以来，以营养诊断为基础的配方施肥技术在果树生产

中广泛应用，从而提高了果树施肥技术的精准化，降低了施肥的盲目性和成本，有效提高了果树的产量和果品的质量。在柑橘、苹果、梨、桃、葡萄、猕猴桃、香蕉等常见果树上，营养诊断技术已经相当完善，技术应用也十分普及。在湖南山核桃上，迄今未见营养诊断技术及其应用的相关报道，生产上对树体和土壤的养分管理与施肥完全是靠传统经验，缺乏科学的技术指导，盲目性极大。

与所有果树一样，湖南山核桃树体的养分含量与产量品质状况密切相关，产量的高低和器官生长的状况对树体养分含量具有重要的影响，同时树体养分元素含量受土壤养分的制约，因此树体和土壤的养分状况与生长发育和开花结果都有密切的关系。由于木本植物具有贮藏和循环利用各种养分物质的营养特性，因此树体某些养分元素若发生亏缺或过量，相应的症状难以在短时间内表现出来，然而一旦出现营养元素缺乏的病症，要通过施肥使其恢复正常也需要相当长的时间，在此情况下果树正常的生长发育和产量品质会受到难以弥补的不利影响。建立湖南山核桃营养诊断技术体系和进行营养诊断，不仅对科学指导施肥有重要的意义，而且可以对树体养分状况及林地土壤养分变化作出预警，这有助于事先了解湖南山核桃树体及林地土壤养分的变化情况，以便及时采取相应措施解决树体及土壤养分平衡和可持续的供给问题，因此建立湖南山核桃营养诊断技术，对于提高产业发展的科技及管理水平具有重要的意义。

二、营养诊断的科学原理

果树叶片中的养分元素含量最能代表树体的营养状况，土壤中能被果树吸收利用的营养元素含量与果树树体养分和正常生长发育密切相关。利用叶分析和土壤养分分析结果评价树体养分盈亏情况是果树最常用的营养诊断技术。这一技术以 1843 年 Justus von Liebig 创建的"最小养分律"、1936 年 Macy 和 Ulrich 创建的"临界百分比浓度"理论以及 1946 年 Sher 创建的"养分平衡学说"为理论基础。最小养分律的核心内容是植物产量受土壤中或植物体内数量最少的养分元素所制约，即决定植物产量的是土壤中或植物体内数量最少的养分元素，若最少养分元素供应不足，即使其他营养元素再充足也不能增产。临界百分比浓度理论认为植物正常生长所需的养分处于一个临界百分比浓度范围内，养分高于或低于这一浓度范围植物都不能正常生长。养分平衡学说认为要使作物获得高产，植物体内的不同营养元素浓度必须达到一定的水平并且保持在一个平衡的比例范围，如果比例失调，植物将会失去生理平衡，不能实现高产。1966 年，Kenworthy 在临界百分比浓度理论的基础上提出了植物养分含量"标准值"的概念，认为可以通过确定植物体内或土壤中养分含量的缺乏值、适宜值和过量值，以此为"尺子"判断植物或土壤中养分含量的盈与亏。

果树与其他农作物一样，正常生长发育和优质高产的植株中养分元素的含量处于适宜范围内，某些养分元素过多或过少都难以保证其正常生长，也不可能优质高产。因为果树叶片是养分元素吸收或暂时贮藏或周转的重要器官，所以在生长期绝大多数果树发育成熟尚未衰老的叶片中养分元素的含量最能反映树体的养分状况，可以取样分析测定果树叶片中的养分元素含量将其作为评价树体养分元素盈亏的指标。

20 世纪初以来，在上述理论的指导下美国等一些果树生产大国率先建立了多种果树叶分析营养诊断技术体系，广泛应用于生产指导果树的配方施肥，而我国这方面的工作相对滞后，从 20 世纪 70 年代以后果树的叶分析营养诊断才陆续开展并逐渐推广应用。

三、营养诊断技术创建需要解决的关键问题

迄今，有关湖南山核桃营养诊断技术未见任何报道。进行湖南山核桃的叶分析营养诊断技术，必须在叶分析诊断的基础上结合土壤养分分析诊断进行综合判断才能够得出正确的结果。随着植物及土壤养分分析技术的不断完善，湖南山核桃叶片及土壤养分含量的分析检测技术早已不是制约营养诊断的技术瓶颈，但建立湖南山核桃叶分析及土壤养分营养诊断技术需要解决以下两个关键技术性问题：一是确定适宜的叶分析取样时间。因为果树在每年的不同时期，叶片中的养分元素含量是不断变化的，多数营养元素在幼叶期和果实坐果及发育初期含量高、变化很快，通常成熟的叶片中营养元素含量变化幅度相对较小，含量较为稳定，衰老叶片中大部分营养元素的含量降低得很多，因此必须确定一个叶片中营养元素变化相对稳定的时期作为叶分析诊断的取样时期(仝月澳等，1982)。在湖南山核桃叶分析诊断技术建立中，必须首先解决取样时期问题。二是建立湖南山核桃叶分析诊断和土壤养分分析诊断的营养元素含量分级标准，这是用于判断叶片和土壤养分含量是否正常的关键性指标。

第 2 节　树体及土壤营养诊断的分级标准

一、叶分析营养诊断的养分含量分级标准

(一) 确定叶片养分含量分级标准的依据

树种营养诊断标准值的确定以植物的最小养分律、临界百分比浓度和养分平衡学说为基本的理论依据。树种在不同的地区及不同的产量状态下叶片中营养元素各自有一定的含量范围，因此通过广泛搜集各地区同一树种不同产量及品质状态下的大量植株叶片进行测定和分析统计，可以得出不同营养元素含量的标准正常值、低量值、高量值、缺乏值和过量值的范围，从而建立起树种叶分析营养诊断的统一标准(曾骧，1992)。树种叶分析营养诊断标准值的确定也可以通过在施肥试验的基础上进行果实产量及品质与叶片营养元素含量的相关性研究结果加以确定。

在湖南山核桃叶分析营养诊断标准值确定中，我们采用了 2008～2013 年对贵州锦屏、榕江、黎平和湖南靖州、会同地区的湖南山核桃产地的不同产量类型林地的叶片营养元素含量分析测定结果，其中高产树、中产树及低产树的叶分析测定总样本数分别为 118 个、96 个和 103 个。分别以高产树和中、低产树的叶片养分含量的集中分布范围作为确定适量值、低值和高值、缺乏值和过量值的依据，通过统计分析得出湖南山核桃叶分析营养诊

断标准(表 7-1)。其中在 118 个高产林地样本中,处于氮含量适量值范围的样本占 68.64%,处于磷含量适量值范围的样本数占 77.12%,处于钾含量适量值范围的样本数占 76.27%,处于铜、锌、硼元素含量适量值范围的样本数占分别占 83.05%、81.36%和 75.42%。因此,表 7-1 中的分级标准指标是有较强的客观性和合理性的,这一标准可供湖南山核桃叶分析营养诊断时参考使用。

表 7-1　湖南山核桃叶分析营养诊断的养分含量分级标准

营养元素	缺乏值	低值	适量值	高值	过量值
N/%	<1.70	1.70～2.00	2.10～2.30	2.40～2.70	>2.70
P/%	<0.15	0.15～0.18	0.20～0.27	0.28～0.31	>0.32
K/%	<0.55	0.55～0.74	0.75～1.00	1.10～1.15	>1.15
Ca/%	<2.30	2.30～2.80	2.90～3.30	3.40～3.70	>3.70
Mg/%	<1.00	1.00～1.13	1.14～1.26	1.27～1.30	>1.30
Fe/(mg·kg^{-1})	<50	50～90	90～150	150～250	>250
Mn/(mg·kg^{-1})	<20	20～25	25～50	50～200	>200
Cu/(mg·kg^{-1})	<9.10	9.10～9.50	9.60～11.80	11.90～12.60	>12.60
Zn/(mg·kg^{-1})	<40	40～55	55～75	75～85	>85
B/(mg·kg^{-1})	<25	25～40	40～45	45～50	>50

(二) 叶分析营养诊断分级标准

湖南山核桃生长对氮的敏感性较强,过多的氮容易造成营养生长过旺,降低树体的碳氮比,减少成花的数量,降低果实产量,同时还对其他营养元素产生稀释效应,降低其他营养元素的含量。考虑到湖南山核桃的氮素营养特性与需求,在确定湖南山核桃营养诊断标准的过程中,氮适量值范围的控制比其他营养元素的要窄一些。

湖南山核桃叶片中的磷、钾与单株的果实产量具有极显著正相关的关系,相关系数分别达到 0.99 和 0.98。缺磷和缺钾不仅会降低果实产量,而且会增加坚果的瘪籽率,降低果实的品质。因此,湖南山核桃果实产量及坚果的质量对磷、钾养分反应极其敏感,考虑到这一因素,在确定湖南山核桃叶分析营养诊断的适量值范围时,适当地提高了磷和钾的含量范围。

一般而言,果树叶片中多个微量元素的正常含量范围都比大量元素的要宽一些,其中铁、锰在很多果树树种中标准含量最宽(曾骧,1992)。这是因为多数树种根系对还原性铁、锰离子都有奢侈吸收的特性,同时叶片对根系吸收的过多铁、锰具有极强的缓冲能力。在不同产量类型的湖南山核桃植株叶片中,铁、锰的含量都很高,而且含量与果实产量不相关,说明湖南山核桃叶片中如此高的铁、锰含量并不是正常需求的表征。我们在大量调查过程中虽然没有发现湖南山核桃铁、锰中毒的情况发生,但是不能排除铁、锰离子的过量吸收对其他营养元素吸收会产生的不利影响。基于上述原因,我们在参考其他树种相关研究结果的基础上,确定湖南山核桃叶分析诊断养分分级标准时,较大幅度地降低了铁、锰元素的标准范围值。

对于铜、锌、硼 3 种微量元素的叶分析营养诊断标准值的确定,一是根据不同产量类型林地叶片大量样本的含量分析统计结果，二是考虑到叶片的铜、锌、硼含量与果实产量相关性的密切程度，叶片中这 3 种微量元素含量与湖南山核桃果实产量呈极显著正相关，相关系数分别为 0.84、0.92 和 0.94，其中果实产量受叶片中硼含量影响的敏感程度仅次于磷和钾，考虑到铜、锌、硼含量过高可能会对湖南山核桃其他养分平衡吸收产生不利影响，因此在确定这 3 种微量元素适量值范围时控制得比铁、锰元素都窄，其中硼元素的适量值范围控制得最窄。

需要指出的是，不同国家和地区的果树树种叶分析营养诊断养分分级标准的确定都存在差异，其中的标准值范围会因土壤及施肥的习惯、产量指标的控制等因素的不同而有或大或小的差异，同时还会因研究条件的限制问题使得叶分析营养诊断分级标准划分不够客观和精准。因此，上述湖南山核桃叶分析营养诊断标准也有必要在今后的生产应用中不断验证并加以完善修正，从而使其更加精准和适用。

二、土壤营养诊断的养分含量分级标准

(一) 确定土壤营养诊断养分含量分级标准的依据

对于土壤营养诊断的养分含量分级标准，主要是根据贵州和湖南两省 5 个湖南山核桃主产区高、中、低产林地的土壤养分含量状况统计分析后确定的。在连续 5 年对 317 个高、中、低产林地取样样本土壤养分分析测定的基础上，统计分析不同产量林地的土壤养分含量与产量的相关性，根据土壤养分含量在不同产量类型林地中的集中分布频率，确定各种养分元素在高、中、低产林地土壤中的含量分布区间，同时也考虑到湖南山核桃养分需求特性和产区土壤理化特性，同时还参考了我国一些果树研究学者对果园土壤养分含量分级的推荐指标，最后确定了湖南山核桃土壤营养诊断的养分含量分级标准。

(二) 土壤营养诊断的养分含量分级标准

表 7-2 是湖南山核桃土壤营养诊断的养分含量分级标准。其中的速效氮、钾和有效锌、铜、硼元素的适量值指标主要是根据高产林地土壤中含量范围确定的，这些适量值在 118 个高产林地样本中出现的概率在 75.42%～82.20%，因此具有较强的客观性和代表性。

对于土壤的速效磷含量分级标准的确定，既以不同产量状态下的林地土壤速效磷含量测定结果的统计分析为重要依据，又考虑到我国湖南山核桃产区土壤中速效磷普遍偏低的实际情况，同时还参考了我国部分果树研究学者对果园土壤有效磷含量分级指标的推荐(张福锁等，2011)和湖南山核桃对磷养分的需求特性，在确定土壤有效磷的适量值时其范围有所放宽。

我国部分学者根据国外的果园土壤交换性钙和交换性镁养分含量分级标准，建议我国果园土壤交换性钙和交换性镁含量的中等值分别为 600～1000mg·kg^{-1} 和 100～500mg·kg^{-1}(张福锁等，2011)。研究发现，在我国湖南山核桃主产区，土壤中交换性钙、

交换性镁和有效锰的含量都很高，但这并不意味湖南山核桃对这些元素就有很高的需求，相反这些元素含量过高会引起其他营养元素的有效性降低。基于这一考虑，在有关交换性钙、交换性镁和有效锰的标准值确定中，主要以正常土壤中这些元素的含量为依据。

表 7-2　湖南山核桃林地土壤营养诊断的养分含量分级标准

土壤养分	缺乏值	低值	适量值	高值	过量值
有机质/%	<1.0	1.0～2.0	2.0～3.5	3.5～5.0	>5.0
速效 N/(mg·kg⁻¹)	<60	60～90	90～120	120～150	>150
速效 P/(mg·kg⁻¹)	<10	10～20	20～40	40～60	>60
速效 K/(mg·kg⁻¹)	<70	70～100	100～150	150～200	>200
交换性 Ca/(mg·kg⁻¹)	<200	200～600	600～1000	1000～1500	>1500
交换性 Mg/(mg·kg⁻¹)	<80	80～100	100～150	150～450	>450
有效 Fe/(mg·kg⁻¹)	<10	10～20	20～50	50～75	>75
有效 Mn/(mg·kg⁻¹)	<5	5～10	10～15	15～25	>25
有效 Cu/(mg·kg⁻¹)	<1.50	1.50～1.80	2.00～2.50	2.60～3.50	>3.50
有效 Zn/(mg·kg⁻¹)	<1.00	1.00～1.50	1.60～2.00	2.10～3.00	>3.00
有效 B/(mg·kg⁻¹)	<0.50	0.50～0.80	0.80～1.00	1.00～1.50	>1.50

表 7-2 中的土壤营养诊断的养分含量分级标准肯定还有需要修正之处，这有待于今后的研究者不断完善。

第3节　营养诊断的方法、步骤与技术和应注意的问题

一、营养诊断的方法、步骤与技术

(一)树相诊断

根据植物营养元素缺乏或过剩时表现的特有症状对其进行判断称为树相营养诊断，相当于传统中医"望闻问切，四诊合参"的诊病方法。湖南山核桃树体各种养分元素缺乏或过剩后都会有不同的病征表现，但目前对某些营养元素缺乏或过剩时表现的相应症状还缺乏正确的了解，尤其是中量元素和微量元素失调引起的症状表现还不够清楚，只能根据以下比较常见和清楚的症状进行树相营养诊断。

1. 缺氮或氮过剩

湖南山核桃缺氮时植株生长受到抑制，树体未老先衰，新梢生长量变小，叶片变黄，尤其是老叶黄化严重，新叶失绿较轻；大量开花，但坐果率低，果实产量低，落叶期提前。氮过剩时，植株营养生长旺盛，新梢徒长，树冠直立，叶片变大，叶色浓绿或深绿，花量少，落果严重，果实大而少，成熟期推迟，总苞(青皮)厚，落叶期推迟。

2. 缺磷或磷过剩

缺磷时植株生长矮小，叶片失绿或嫩叶带紫色，根系发育不良，须根少，雄花数量最多而雌花数量减少，结果少，果实变小，坚果瘪籽率高。磷过剩时，叶片暗绿，老叶边缘变黄。

3. 缺钾

缺钾的植株叶片出现正卷，即便土壤水分正常时这一症状始终不会改变，严重缺钾时叶尖及叶缘枯黄或枯死，果实变小，坚果的空室率高。

4. 缺镁

缺镁时叶片大小与正常状态差异不明显，叶脉保持绿色，叶肉组织黄化。

5. 微量元素缺乏或过剩

缺锌时叶片变小黄化，新梢节间缩短。缺铁时叶片形态大小不变，但叶片褪色呈漂白状。缺硼时叶片扭曲不平展，大量落果，坐果率极低，果实变小，坚果的空室率大量增多。铁过剩时叶片颜色变暗，锰过剩时树干和大枝表皮粗糙，出现密集的瘤状凸起。

(二)治疗恢复性诊断

治疗恢复性诊断是用施肥的措施对疑似症状进行判断和确认的一种方法。当植株表现出某种疑似缺乏的症状时，可以通过施用目标症状的相关营养元素肥料，如果疑似症状消除，就是缺乏这种营养元素引起的缺素症，这种诊断方法又称矫治诊断法。在治疗恢复诊断时，最好用单一元素的肥料进行土施或叶面喷施，这样可以提高诊断的准确性，避免多种营养元素肥料同时使用引起疑似症状的误判。

(三) 叶分析营养诊断

1. 叶分析诊断的步骤

湖南山核桃营养诊断的步骤与所有果树营养诊断都一样，共分为诊断→解释→处方 3 个步骤。其中，诊断是对叶片养分元素含量进行化学分析测定。解释是将叶分析测定的养分元素含量结果与表 7-1 的湖南山核桃叶分析诊断养分分级标准进行对比判读，分析确定树体究竟缺乏哪些营养元素，对缺素症作出一个合理的判断和解释。处方是在以上工作基础上提出对营养病征进行矫治的技术措施。

2. 叶分析的取样及前处理

(1)取样

叶片取样的时间在 6 月底至 7 月初为宜，因为这段时间湖南山核桃叶片中的营养元素含量的变化幅度相对要小一些，叶片的营养元素含量最能代表植株的营养状况。取样的部位是树冠中上部外围东、西、南、北 4 个方位的当年生春梢中部叶片。取样要有代表性，要用"Z"型或"X"型的取样法对湖南山核桃林地多个单株进行取样，然后充分混合后取出足够的叶样带回进行化学分析测定。

(2)叶样的前处理

取好的叶样参照李港丽(1988)建立的标准方法，进行洗涤、烘干和粉碎。其洗涤程序步骤为：1 次自来水→1 次 0.1%中性洗涤剂液→2 次自来水→3 次蒸馏水→2 次去离子水，整个洗涤时间不能超过 3min，以避免叶片中的营养元素溢出影响分析结果的客观性；洗净的叶样滴干水后放入清洁的瓷盘内，置于 110℃鼓风烘箱中杀酶 10～15min，然后转至 50～60℃烘干至恒重，取出磨碎，过 60 目的尼龙筛，装瓶待分析。

3. 叶样分析方法

叶样要送入专业实验室进行分析。N 含量测定用凯氏定氮法，P 含量测定用钒钼黄比色法，K 含量测定用火焰光度计法；Ca、Mg、Fe、Zn、Cu、Mn 含量测定用原子吸收分光光度计法或用电感耦合发射光谱法，B 含量测定一般用姜黄素比色法。

4. 对叶分析结果的判读

也就是将叶样分析测定的结果与表7-1中的湖南山核桃叶分析诊断养分分级标准进行比对，得出营养元素是否缺乏或过量的结论。

(四) 土壤分析营养诊断

1. 湖南山核桃林地土壤的取样

山地土壤养分含量具有不均质性。在湖南山核桃林地中，经常施肥的地方与其他部位、根系生长区与无根系区、梯带内与梯带外、表层及中层与下层、坡上与坡脚等不同区域的土壤中水、气、肥、热条件都有极大差异，这种差异对土壤养分状况具有较大的影响。由于在同一林地内不同地块的土壤中养分的差异大，因此土壤取样要有代表性，以便准确地反映整个诊断对象林地土壤的真实情况。土壤取样点应在根系密集分布区。在对林地土壤进行取样前，必须事先了解林地的土壤施肥管理情况，从而根据诊断目的和要求确定采样部位。土壤采样应在无雨天进行，可挖剖面或用土钻取样。在采样点确定上，可根据林地面积的大小和土壤的变化情况而定。对土壤性状变化较小、肥力分布较均匀的林地，可以每公顷取样 5～6 个样本，按梅花形设置采样点；对土壤性状变化较大、肥力不均的林地，可设带状采样点，每 50～100m 设 1 个采样点。取样时分上层 0～20cm(细根分布层)、中层 20～40cm(粗根分布层)、下层 40～60cm(约)采集土壤，并将各层土样分别混合，若取的土壤量较多，要在充分混匀的基础上，用对角线法反复取舍土量的 1/2，直至达到 500～1000g 干土的土量。

2. 土壤样品的处理

取好的土样要装在清洁的塑料袋或布袋内,尽快送至室内进行自然风干,要避免土样的污染和变质;土样不能用烘箱烘干,以免养分因高温引起挥发丢失,失去土样养分状况的客观性。若运输的时间长,在路途中土样应松开袋口(尤其是塑料袋),以免霉变。土样送至室内后,倒在阴凉处的干净塑料膜上,把大的块状土掰成碎块,除去石砾、残根及各种杂物,然后摊薄自然风干。整个过程中要防止灰尘污染。每个土样做好标签,标明采样地点、时间等基本信息。风干后的土样应及时进行粉碎、过筛,装入纸袋或塑料瓶内干燥保存,防止日光、高温、湿气和其他气体的影响。对于测定速效养分和 pH 的土样,应过1mm 孔径筛;对于测定有机质和全氮的土样,应过 0.25mm 孔径筛。供其他成分全量分析的土样,应过 0.15mm 孔径筛。作微量元素分析的土样,为了避免污染,在粉碎土样时可用干净的布袋装好土样用塑料锤将其砸碎,然后过 0.2mm 孔径尼龙筛或绢筛,不能使用金属筛,也不能用玻璃研钵磨,以免造成土样的微量元素污染。

3. 土样的分析测定

在土壤营养诊断中,土壤 pH 的测定用水浸提电位法(水土比为 2∶1);土壤有机质含量测定用重铬酸钾氧化—外加热法;土壤全氮含量测定用半微量开氏法;速效氮含量测定用碱解扩散法;土壤全磷含量测定用硫酸高氯酸消煮—钼锑抗比色法;速效磷含量测定用 NH_4F-HCl 或 $NaHCO_3$ 浸提比色法;土壤全钾含量测定用高氯酸-盐酸消煮火焰光度计法;速效钾含量测定醋酸铵浸提—火焰光度计法;土壤交换性钙、镁含量测定用$EDTA+NH_4OAC$ 浸提—原子吸收分光光度法;土壤有效铜、有效铁、有效锌、有效锰含量测定用 DTPA 或 HCl 浸提—原子吸收分光光度法;土壤有效硼含量测定用沸水浸提—姜黄素比色法。

4. 土样分析结果的判读

将土样分析测定的结果与表7-2中的湖南山核桃林地土壤营养诊断养分含量分级标准进行比对,得出林地土壤营养元素含量是否缺乏或过量的结论。

二、营养诊断中应注意的问题

(一)树相诊断应注意的问题

1. 结合其他诊断方法,提高树相诊断的可靠性

树相诊断方法看起来比较简单,但要求诊断者具有丰富的经验,熟悉各种营养问题引起的症状。这种方法一般对诊断简单的缺素营养问题较为容易,但若遇到复杂的营养问题,这种方法的可靠性往往不高,因此树相诊断只是一种初步诊断,一定要结合应用治疗恢复性诊断、叶分析及土壤分析营养诊断等方法才能提高诊断结果的准确性。

2. 避免复杂问题简单化

在树相诊断过程中，不能将复杂问题简单化。导致湖南山核桃出现营养问题的因素很多，诸如土壤理化特性与营养障碍、水分胁迫、营养元素之间的相助或拮抗的特性、农艺管理措施等都会对某些营养元素在树体中的状况产生复杂影响。湖南山核桃叶片上的某种缺素症状，不一定就是缺乏某一种营养元素的表现，有可能是多种营养元素缺乏的综合表现，甚至有可能与土壤中营养元素含量没有任何关系。如叶片的黄化，既可能是缺氮的表现，也可能是缺氮、缺钾和缺铁的综合症状。在土壤养分含量正常的情况下，病虫害发生或根系的损伤也会使营养元素的吸收受到抑制，叶片上也会表现出缺素症。土壤中某些营养元素含量过多，会对其他一些元素的吸收产生拮抗作用，表面上看似乎是缺乏这种营养元素而出现的缺素症状，其实是另外的营养元素过剩产生的影响。树相诊断难以解释以上问题，因此要结合生产调查和治疗恢复性诊断、叶分析及土壤分析营养诊断等方法验证树相诊断的结果。

(二)叶分析诊断应注意的问题

1. 事先进行样地调查，规范取样方法

取样前要调查记录林地施肥施药的情况，尤其是根外追肥或喷施农药的用量、时间和肥料及农药的种类等，以便为评价叶片养分含量的真实性提供其他参考依据。如刚刚进行过氮、磷、钾根外追肥后的湖南山核桃林地，叶分析后叶片的氮、磷、钾元素含量可能会异常偏高，但这不能代表树体养分的真实状况。因此进行过根外追肥或施用过农药的林地在1月之内不能取样。

2. 避免叶样的污染

在叶样前处理的每一个环节中都要避免污染。洗涤的水质必须达到要求；进行微量元素分析诊断的叶样不能与橡胶和玻璃器皿接触，以免锌、硼污染；进行微量元素分析诊断的叶样不能用玻璃研钵或金属粉碎机研磨粉碎，最好用不锈钢刀片的塑料外壳粉碎机进行粉碎。磨碎的叶样要用塑料筛过筛。要从每一个细小环节严格控制元素对叶样的污染，确保叶样的分析质量。

3. 控制好叶分析的质量

叶样送入实验室后，在营养元素测定的过程中也要对分析质量进行严格的控制。虽然营养元素分析测定的方法很多，不同的实验室的设备条件也有所不同，但标准只有一个，就是使分析结果的正确性和客观性得到保证。为了确保分析结果数据客观、正确、可靠，送样单位或分析测定的实验室可将标准叶样作一个样品一同进行一批次的分析，若标准叶样的分析值与事先知道的标样含量值差异大于允许误差，叶样在分析过程中肯定出现了质量问题，要找出原因重新进行分析测定。

4. 正确判断叶分析含量值偏高的结果

叶分析值是相对浓度值，一般用叶样干重的百分比或 $mg \cdot kg^{-1}$ 的浓度单位表示。有的时候会出现这种情况，当某种元素在湖南山核桃树体内极度缺乏时，该元素的含量不但没有降低，反而会不正常地偏高，这种现象称为 Piper-Steenbjerg 效应（曾骧，1990）。这是由于严重缺素的树体生长受到严重抑制后，生物量严重降低，从而使营养元素含量增大。也就是说，这种情况是由植物营养学上所说的"浓缩效应"所引起的，并不是树体内营养元素吸收量多的表现。

（三）土壤营养诊断中应注意的问题

1. 正确使用养分提取剂

土壤分析中使用的不同养分提取剂会导致同一土样分析结果出现很大差异。土壤养分提取剂有离子交换、络合和水溶解 3 种类型，不同土壤和不同的诊断指标选用的适宜土壤养分提取剂不同，分析土样时要充分注意这一点，要用适宜的提取剂提取土壤养分，然后再进行分析测定。具体使用何种提取剂，可根据土壤的 pH 高低参考相关的文献后进行正确的选择。

2. 综合考虑影响土壤养分含量的各种因素

土壤中营养元素的有效含量受多种因素的影响，如土壤 pH 过高或过低都会降低土壤中速效磷、有效铁、有效锌的含量，土壤交换性钙含量过高或过低也会影响土壤中速效磷和有效铁的含量。要统筹考虑各种影响养分含量的因素，寻找出影响土壤样点含量的真实原因。

参 考 文 献

仝月澳, 周厚基, 1982. 果树营养诊断法[M]. 北京: 农业出版社.

李港丽, 张光中, 1988. 果树叶分析的采样、洗涤和预处理的标准化. 果树文集(5)[M]. 北京: 北京农业大学出版社.

曾骧, 1992. 果树生理学[M]. 北京: 北京农业大学出版社.

张福锁, 2011. 测土配方施肥技术[M]. 北京: 中国农业大学出版社.

第8章
湖南山核桃的种苗繁育

种苗繁育是湖南山核桃栽培和产业发展的基础。在此之前，对湖南山核桃种子的生物学特性尚未全面了解，其种苗繁育技术尚不成熟，湖南山核桃与化香（*Platycarya strobilacea*）等植物的嫁接亲和力问题一直没有定论。针对上述问题，我们在试验和生产调查的基础上，总结了湖南山核桃实生苗和嫁接苗的繁育技术。多年的试验观察结果表明，化香树作为湖南山核桃的砧木能够嫁接成活，苗期及幼树期也能生长，但后期不亲和，嫁接成活3～5年后植株生长衰退，嫁接口纵裂加深，进而断裂，生产中不宜使用化香作为湖南山核桃的砧木。

第1节　湖南山核桃种子的萌发特性、嫁接亲和力及砧木的选择

一、湖南山核桃种子的萌发特性

（一）种子的多胚性

种子的多胚性是指一粒种子中具有多个胚的生物学特性。这种特性在多数柑橘属（*Citrus*）植物上和杧果属（*Mangifera*）植物中的杧果（*Mangifera indica*）等树种上也存在(樊卫国等，2012)。湖南山核桃种子具有多胚特性，种子萌发后能够生长出多株幼苗，在山核桃属的其他植物上没有发现类似的特性(图8-1)。

湖南山核桃种子的多苗现象比较普遍，每粒种子萌发后一般生长出2～4株幼苗，最多的幼苗数量可以达到5～8株。湖南山核桃种子形成多胚的机理及其遗传学背景目前还不清楚，若多个胚中存在无性胚，那湖南山核桃无性胚实生苗是可以保持母株优良性状的，这在生产上有重要的利用价值。因此，湖南山核桃的种子生殖学机理是今后研究中应该重视的内容。

图 8-1　湖南山核桃种子萌发后出现多个胚根和胚芽

　　湖南山核桃种子的多胚性导致播种后出现幼苗丛生的现象，因此在种苗繁育过程中不宜采用直播，避免同一播种穴中长出多株苗木，影响苗木的质量。

(二)种子的顽拗性

　　种子的顽拗性(recalcitrance)也称为脱水敏感性。植物种子可分为正常型种子和顽拗型种子，前者能够忍耐失水，种子脱水后仍具有发芽能力，而后者不能忍耐脱水，种子一旦失水即丧失发芽力。木本植物正常型种子都具有明显的生理休眠特征，要使其萌发必须将种子重新吸水后在低温和通气条件下降解种皮上抑制发芽的脱落酸(ABA)，其种子解除休眠的方法和萌发机制的获得通常可以采取低温层积处理，或者于冬季来临前将吸水后的种子进行直播，使其在土壤中感受冬季的低温。

　　在我们的研究中发现，湖南山核桃的种子不能忍耐脱水，属于顽拗型种子，没有休眠特性，因此种子采收后立即播种就能发芽，干燥脱水后种子的生活力急剧下降，发芽力很快丧失。如果不能及时播种，要将种子进行保湿冷藏，时间最好不超过60d，否则种子的发芽率会明显下降。

二、湖南山核桃砧穗的嫁接亲和力与砧木选择

(一)嫁接亲和力的定义

　　嫁接亲和力的定义是砧木与接穗的细胞组织和生理的相似程度，相似程度越高的砧穗嫁接亲和力越强。嫁接亲和力强的砧穗组合，嫁接后不仅能够长期存活和正常生长，而且要能够正常结果和优质丰产。

(二)砧穗嫁接不亲和的表现

　　砧穗嫁接不亲和的表现有几种：第一种是嫁接不能成活；第二种是嫁接后能够成活并生长数年，但随着时间的延长嫁接口会出现十分明显的大小脚现象或肿胀，致使植株从嫁接部位断裂；第三种是虽然砧穗嫁接后能够成活，也能生长，嫁接口也不出现明显的大小脚现象或肿胀，但随着时间的推迟，树体生长势明显衰弱，生理病害明显；第四种是嫁接后树体生长是正常的，但结果少，果实品质变劣。后三种情况属于后期不亲和。因此，鉴定砧穗的嫁接亲和力强弱需要很长的时间进行观察，仅仅根据短短几年内的鉴定结果用于判断砧穗亲和力的强弱过于牵强。在 20 世纪 60～80 年代，我国南方部分果树研究者将蔷薇科(Rosaceae)中的火棘(*Pyracantha fortuneana*)和云南山楂(*Crataegus scabrifolia*)分别作为苹果和梨的砧木进行砧穗亲和力鉴定试验，其结果是两种砧穗组合嫁接后都能够成活抽梢，但苹果和梨嫁接苗分别在生长 1～2 年后和 6～7 年后植株都相继死亡，这是砧穗嫁接后期不亲和的典型案例。

　　在多数情况下，砧穗亲和力的与其二者的亲缘关系密切相关，砧穗之间的亲缘关系和遗传距离越近的嫁接亲和力强，反之越弱。但也有砧穗之间的亲缘关系和遗传距离远嫁接

亲和力强的个别情况，如胡桃科(Juglandaceae)中枫杨属(*Pterocarya*)的枫杨（*P. stenoptera*)的作为砧木与同科异属植物胡桃(*J. regia*)和泡核桃(*J. sigillata*)有良好的嫁接亲和力(陈杰忠，2011年)。

（三）湖南山核桃与异种植物的嫁接亲和力

选用异种植物作为砧木嫁接繁育果树苗木已经很常见，这种育苗方式可以将异砧的特有抗逆性和养分吸收特性加以利用，因此一些研究者也试图寻找湖南山核桃的异种抗性砧木。胡靖楠等(2009)将化香（*Platycarya strobilacea*)作为湖南山核桃的砧木，对湖南山核桃与化香砧穗组合的嫁接成活率和嫁接苗造林后 4 年生幼树的生长及初期情况进行观察，砧穗组合的嫁接成活率大于 85%，同时认为这一砧穗组合的幼树生长快，从而得出了化香是湖南山核桃最好的砧木的结论。对此我们认为这一结论为时过早，因为仅仅4 年的观察期太短，在 4 年期间嫁接幼树正在度过营养期，后期是否亲和尚不能确定。我们的试验得出了与此相反的结论，即化香不宜作为湖南山核桃的砧木。2006～2007 年我们在贵州锦屏县进行化香砧木繁育湖南山核桃嫁接苗的育苗及栽培试验，采用春季剪切的方法，湖南山核桃嫁接在化香砧木上的成活率能够达到 93.48%，湖南山核桃共砧的嫁接成活率为 94.01%，两种砧木的嫁接成活率都高，而且差异不显著。化香砧木的湖南山核桃 1 年生嫁接苗平均高度达到 1.38m，地径 1.1cm，嫁接口愈合良好，栽植后前 3 年的幼树生长基本正常，但从第 4 年开始幼树的嫁接口开始逐渐出现肿胀，皮层纵裂并逐年加大，同时叶片出现黄化，第 6 年后嫁接树陆续开始从嫁接口断裂，这种情况是化香与湖南山核桃的砧穗组合后期不亲和的典型表现。而湖南山核桃本砧的嫁接苗，栽植后第 4 年开始结果，嫁接口愈合良好，植株生长结果一直正常，说明湖南山核桃本砧的嫁接亲和力强。

（四）湖南山核桃砧木的选择

根据上述试验结果，我们认为在湖南山核桃嫁接苗繁育中，不宜选用化香作为湖南山核桃的砧木。湖南山核桃嫁接苗繁育应选用本砧。

第 2 节　湖南山核桃实生苗的繁育

一、种子采集与处理

（一）种子采集的要求

无论是实生苗栽植或用于嫁接苗培育，繁育实生苗的种子都必须从健壮的成年优良母株上采集，要求果实总苞及坚果饱满，瘪籽率低。

采集种子应选择在晴天，时间在白露后 10d 左右，在树上果实总苞顶部微微开裂时采集最好。过早采集的种子成熟度及质量不高，会降低种子的发芽率。采集时轻摇树枝使果实脱落，然后收集。雨天不宜采集种子。

(二)种子的处理与贮藏

果实采收后，将其摊放在避雨通风的干燥地面 2～3d，待总苞开裂至 1/2 时取出种子，漂洗清除漂浮的瘪籽后摊晾 1d，使种壳表面水分散失，然后进行保湿贮藏。种子不宜暴晒或长时间摊晾失水，否则会降低或丧失发芽力。

种子可在冷藏库或地窖中贮藏。冷藏库的温度控制在 3～5℃，空气的相对湿度控制在 90%～95%，种子应装入塑料筐和透气编织袋码放在冷藏库中，库内空气的相对湿度低时在地面洒水提高湿度，以免种子失水。在地窖中贮藏时要求地窖处于阴凉背阴处，地窖使用前要事先消毒灭菌和杀虫，然后将种子直接放入地窖地面，厚度不超过 15cm，上层用潮润细沙覆盖 1～2cm，或用新鲜松针覆盖后封闭窖门。无论冷藏库或地窖中贮藏，贮藏时间不宜超过 60d，否则种子的发芽率会降低。

二、苗圃地的要求及整理

(一)苗圃地的要求

苗圃地应选择在向阳、排灌条件好的地带，要求土层深厚，不积水，土壤质地疏松，透气性良好，有机质丰富，土壤 pH 在 5.0 左右，以杂草少的砂壤土和壤土最好。在贵州黔东南产区，通常用秋收的稻田作苗圃地，在水旱轮作的条件下，苗圃地杂草及病虫害较少，易于管理，但要重视开深沟进行雨季排涝。

(二)苗圃地的整理

苗圃地要提早深翻，深度 30cm。深翻后让土壤曝晒 10～15d 再反复旋耕整细。整地时根据土壤肥力情况施基肥，用复合肥或钙镁磷肥撒施后旋耕，每亩用量 50～100kg，最后做厢开沟。厢宽 90～100cm，厢高 15～18cm，厢沟底部宽 25cm。地势平坦的苗圃地要在四周深挖排水沟，以免雨季积水发生涝害。

三、实生苗的培育

目前湖南山核桃实生苗的繁育常采用直播育苗法、保护地播种幼苗移栽育苗法、催芽播种法三种育苗方法。直播育苗法的出圃率较低，需在两年的培育才能出圃，但因未经移栽，苗木须根系较少，而后两种方法当年的实生苗出圃率较高，由于进行过幼苗移栽，苗木的根系较为发达，苗木质量好。

（一）播种时期及播前的种子处理

1. 播种时期

湖南山核桃实生苗繁育的播种分为随采随播和贮藏后播种。随采随播的时间是 10 月中下旬，种子贮藏后播种可以在种子采收后 60d 以内进行，最迟到 11 月上旬，否则种子贮藏期过长发芽率降低。

2. 播前的种子处理

无论采用何种实生苗的育苗方法，播种前要对种子进行吸水及消毒处理，方法是先将种子放在流水中浸泡 2～3d，让种子充分吸水，将漂浮的瘪粒种子去除，然后再用 0.3%的高锰酸钾溶液将种子浸泡 5～10min，取出好种子晾干种壳表面水分后即可播种。

（二）实生苗的培育方法

1. 直播育苗法

在整理好的苗圃地上直接播种育苗。播种的株行距为 12cm×20cm，每亩苗圃地用种量约 150kg 左右，出圃苗木 20000 株左右。播种时将种子横放于土面按入土中，按入土层的深度为 3～4cm，用土覆盖按穴，然后对厢面覆盖稻草，洒水保湿(图 8-2)。

图 8-2　湖南山核桃直播繁育的实生幼苗

播种后要注意土壤的水分状况，土壤干旱前要及时在稻草上洒水。种子萌发后胚芽出土 10%左右时将稻草揭掉 1/2，胚芽出土 50%左右时揭掉全部稻草。由于湖南山核桃种子具有多胚特性，一粒种子会萌发多株幼苗，因此出土幼苗高度达 5～8cm 时要及时将每穴多出的幼苗用竹签挑出另行移栽，否则每穴的苗木数量过多会影响实生苗的生长及苗木质量。挑出多余的幼苗后要及时浇水镇压松土，不然会影响保留种苗的正常成活。

2. 保护地播种幼苗移栽育苗法

这种方法是在塑料大棚中进行。10 月下旬至 11 月初，将冷藏或窖藏的种子事先处理好后，播入大棚的苗床，待种子发芽长成幼苗后再将其移栽于苗圃地进行培育。每亩用种量 160～180kg。播种时按 2cm 间距，将种子播种于已备好的苗床，覆细土 2～3cm，盖地膜催芽育小苗。培育幼苗的过程中要适时遮阴和通风，防止温度过高伤苗。到翌年春季 4 月小苗具 2～3 片真叶时，按 10cm×20cm～10cm×25cm 株行距移栽于已备好的大田苗床中，然后进行常规的田间管理，到冬季苗木休眠后大部分苗木可出圃。

3. 冷床催芽幼苗移栽育苗法

这种方法是 10 月下旬至 11 月初进行。先用细河沙在地面铺厢，河沙厚度 20cm，厢宽 1m，有条件的最好先在地面铺一层新鲜马粪再铺细河沙，利用马粪发酵升高苗床的温度，这样可缩短催芽时间。然后在铺细河沙的厢面上将处理好的种子密集横放一层，每平方米苗床大约放置种子 8kg。播种后覆盖 3cm 细土，浇透水，盖稻草保温进行室外冷床催芽。40～60d 后，将已萌芽的胚芽按大小进行分级后分别移栽的苗圃地中，株行距 15cm×20cm～15cm×25cm，进行常规管理当年可出圃。

图 8-3　湖南山核桃当年播种的实生幼苗生长情况

四、苗木出圃质量标准

目前中国尚无湖南山核桃实生苗木质量国家行业标准，但 2007 年贵州省技术质量技术质量监督局颁布了贵州省主要造林树种苗木质量地方标准（DB 52/ 294—2007），其中对湖南山核桃实生苗等级及相关质量指标作出了规定（表 8-1）。

表 8-1　贵州省主要造林树种苗木质量地方标准（DB52/ 294—2007）中湖南山核桃实生苗质量标准

苗木种类	苗龄/年	I 级苗			II 级苗			综合控制指标
		地径/cm	苗高/cm	>5cm 长的一级侧根数	地径/cm	苗高/cm	>5cm 长的一级侧根数	
实生苗	1	>0.60	>50	13	0.40～0.60	25～30	6～13	色泽正常，充分木质化

第 3 节　嫁接苗的繁育

一、嫁接时期、接穗采集和嫁接方法

（一）嫁 接 时 期

湖南山核桃嫁接时期在春季的 2 月中旬至 3 月中旬。砧木和优良母本树萌芽晚的地区，嫁接时间可延迟到 3 月下旬。在春季嫁接宜早不宜迟。

（二）接穗采集及保存

嫁接的接穗必须从优良母株上采集。要采树冠外围生长健壮的一年生健壮的营养枝作接穗。接穗采集时间在休眠期母株萌芽前。湖南山核桃营养枝上的侧芽均是侧生的短枝裸芽，容易碰伤碰断，因此采集时要格外小心，以防芽体受损。

接穗采集后容易失水，影响嫁接的成活率，最好随采随接。采下后未立即嫁接的，将 30～50 枝整理齐捆绑成束，用薄膜包扎保湿进行短期保存，嫁接前解开薄膜，用清水浸泡接穗剪口。在嫁接操作过程中，必须用湿毛巾包盖接穗和削好未嫁接的接芽。如果在嫁接时期以前大量采集接穗，必须将接穗进行保湿低温贮藏。方法是将接穗束捆装入塑料袋中封口以防失水，放入 3～5℃的低温保鲜库中保存，可以保存 1～3 个月。

（三）嫁 接 方 法

嫁接方法一般采用单芽切接法。嫁接方式可用坐地砧嫁接或掘接，坐地砧嫁接是在实生苗圃地中直接嫁接，掘接是将砧木苗挖掘起来嫁接好后再重新栽植于圃地中，两种嫁接方式的嫁接方法是一样的。

嫁接时，先削好接穗。方法如图 8-4 所示。选择接穗的 1 个壮芽，芽上顶端留约 1cm 的穗干剪断，在芽下方留 2.5～3cm 的穗干，然后在芽的背下方削直面，深达形成层，刚露出木质部，在直削面背面下端削 45º 的斜面即可。

嫁接的部位是砧木根颈以上 10cm 处。先在根颈以上 10cm 处剪砧，反刀切一小斜口，再从该处形成层与木质部间直切约 3cm（图 8-5），插入削好接穗，对齐形成层，用薄膜绑扎紧密，仅露芽体。

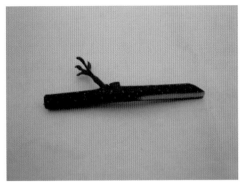

图 8-4 湖南山核桃嫁接削芽示意图

图 8-5 湖南山核桃嫁接捆绑示意图

二、嫁接苗的田间管理与出圃

(一)嫁接苗的田间管理

苗木嫁接后，要注意圃地的水分管理，如苗床土壤水分不足，会影响嫁接成活率，稍有干旱就须及时灌水，保持床土湿润但又不至积水。4～5 月萌芽期，要及时抹除砧木萌蘖，以免影响接穗新梢的生长，一般 10d 左右抹一次，待接穗新梢长到 25cm 高以上，一次或渐次解除嫁接捆绑薄膜，以免束缚嫁接苗的生长。嫁接苗苗圃地一般全年进行 2～3 次中耕除草。在施足基肥的条件下，一般不再追肥。

(二)嫁接苗的质量标准

湖南山核桃嫁接苗目前尚无苗木质量标准。生产上一般以品种优良纯正、无病虫害、根系发达、茎干粗壮端正、嫁接部位愈合良好、苗木高度≥100cm、地径≥0.8cm 作为出圃标准。

(三)嫁接苗出圃

嫁接苗出圃要进行苗木检疫。出圃时如遇干旱，要提前浇水后再挖掘。挖掘时尽量不要伤根，每 50～100 株束捆挂牌即可。

参 考 文 献

陈杰忠, 2011. 果树栽培学各论(南方本)[M]. 北京: 中国农业出版社.

樊卫国, 罗燕, 吴素芳, 等, 2012. 南北盘江野生芒果种质资源的分布与形态特征[J]. 西南农业学报, 25(6): 2244—2248.

胡靖楠, 蒋细春, 林跃, 等, 2009. 化香作砧木嫁接山核桃育苗及造林效果[J]. 湖南林业科技, 5: 11—14.

龙令炉, 杨武其, 2009. 黔东南野生山核桃实生苗木繁育生长效果初探[J]. 贵州农业科学, 2: 132—133.

杨武其, 樊卫国, 龙章庆, 2010. 山核桃嫁接技术[J]. 中国果树, 4: 47—48.

第 9 章
湖南山核桃林地经营模式与管理技术

适宜的经营模式与配套管理技术是提高湖南山核桃种植经济效益的关键。湖南山核桃林地经营模式不同，配套管理技术有很大差异。目前在湖南山核桃的林地生产经营中存在诸多问题，主要是林地经营目标不明确、经营模式不明晰、配套管理技术落后。因此，生产上需要在明确不同经营模式的前提下，提供相应模式的规范管理技术。为此，我们在多年调查研究的基础上，总结了湖南山核桃的不同经营模式及栽培管理技术。本章重点介绍目前生产上使用最多的果材兼用林和果用林两种经营模式，以及这两种模式的规范管理技术，包括林地经营目标、造林与栽植规范、林地土壤管理的任务及提高土壤肥力的技术方法、施肥技术措施、树体管理与整形修剪、促进花芽分化的方法及果实采收与处理。本章总结的技术具有先进性和实用性，可供生产者参考。

第 1 节　林地经营模式

一、果用林经营模式

果用林经营模式以产果为目的，这一模式以生产优质高产的湖南山核桃坚果为目标，追求经济效益的最大化。果用林经营模式的特点是投入较多，产出丰厚，经营管理技术集约化程度最高，具体又分以下两种经营模式。

(一)实生苗栽培经营模式

实生苗栽培经营模式(图 9-1)的特点是林地的经营管理较为粗放，投产期较晚，但林地的经济寿命较长，在正常经营下林地的经济寿命可长达百年以上。实生苗栽培经营模式一般 8 年左右开始投产，15 年左右进入果实的盛产期，林地进入盛产期后植株高大，单株产量高。根据以上特点，同时考虑到提高幼年林地的土地利用效率和产果初期的群体产量等因素，设计的栽植密度分初始密度和最终密度，初始密度株行距为 3m×3m，每亩栽植 74 株，最终密度的株行距为 6m×6m，每亩 19 株。该模式结果 5～7 年后树冠开始郁闭，产量下降，因此在栽植后 12～15 年进行一次间伐。

(二)嫁培苗栽培经营模式

嫁接苗模式(图 9-2)的特点是经营管理的集约化程度高，前期投入多，产出大，投产期早，一般栽植后 4 年可以进入始果期，6～8 年进入盛果期，林地的经济寿命 50 年以上，经营期间的经济效益好。这一经营模式密度为每亩 42 株（株行距 4m×4m）或每亩 54 株（株行距 3m×4m）。

图 9-1　湖南山核桃实生苗栽培果用林经营模式(初产期)

图 9-2　湖南山核桃嫁接苗栽培果用林经营模式

二、果材兼用林经营模式

该模式为产果和用材兼用，其特点是都采用实生苗栽培，具体又分为以下两种经营模式。

(一)果材兼用纯林经营模式

果材兼用纯林经营模式(图 9-3)以湖南山核桃为单一树种进行栽培和经营，经营周期一般为 25 年或 30 年以上，较长的经营周期使林地的木材积蓄量得到保证。该经营模式的树冠高大直立，要求定干的高度达到 2.5m 以上，栽植目的大于果用林模式，一般每亩栽植 74 株(株行距为 3m×3m)或 54 株(株行距为 3m×4m)。这种林地经营模式的林分树种单一，不利于土壤养分的生态循环，生态系统的稳定性较弱，容易爆发病虫害。

图 9-3　湖南山核桃果材兼用纯林经营模式

(二)果材兼用混交林经营模式

果材兼用混交林经营模式(图 9-4)以湖南山核桃为优势树种或主要林分树种，配以其他经济林或用材林树种进行合理混交栽植，其特点是湖南山核桃的产量较低，经营管理粗放简单，造林投入成本不高，经济效益和生态效益能够统筹兼顾，林地养分循环利用效率较高，生态系统稳定。常见的混交树种有湖南山核桃+杉树、湖南山核桃+马尾松、湖南山核桃+杉树+马尾松，湖南山核桃+油茶或茶叶等。

图 9-4　湖南山核桃果材兼用混交林经营模式

三、用材林经营模式

用材林经营模式是以获取湖南山核桃木材为主要目的栽培和经营管理模式(图 9-5)。湖南山核桃树生长迅速，适应性强，树干通直，木质坚硬，纹理直顺，伸缩性小，抗击力强，弹性大，是优良的军工用材和高级家具用材。用材林经营模式提倡配置一定比例的针叶树种混交造林，它仍然具有一定的果材兼用属性，这种经营模式要实现速生高产，必须选择土层深厚和肥力条件好的下坡或山谷造林，造林的密度比果用林的大，一般每亩栽植40～60 株。

四、生态水保林经营模式

湖南山核桃根系发达，耐旱性强，对土壤要求不严，根系的固土能力强，有较强的水土保持能力，可作为重要的水土保持树种加以利用，既可保持水土，改善生态环境，又可获得一定的果实经济收益。作为生态水保林经营，必须采用实生苗栽植造林，密度可大可小。石漠化较为严重的地区，可以采用修筑堆砌梯带和人工客土的方法造林，提倡营养袋育苗雨季造林，保证苗木成活，确保造林成林(图 9-6)。

图 9-5　湖南山核桃用材林经营模式

图 9-6　湖南山核桃生态水保林模式

第 2 节　林地经营管理技术

目前我国的湖南山核桃生产经营模式主要有果材兼用混交林经营模式和果用林经营模式，两种经营模式的管理技术以其生产目标的差异有很大区别。

一、果材兼用混交林的经营管理技术

(一)造林技术规范

1. 树种配置

树种的配置最好选择与针叶树种混交，形成阔叶和针叶树种混交的稳定生态系统，这种生态系统的林地养分循环效率较高，有利于提高土壤养分和湖南山核桃及混交的针叶树种的生长发育。用材林树种配置为湖南山核桃+杉树或湖南山核桃+马尾松。根据多年对贵州黔东南地区的调查结果，湖南山核桃与针叶树种混交的比例以(5～6)∶(4～5)为宜。

2. 林地选择

果材兼用混交林的造林地以土层深厚、肥力条件较好的坡地和谷地较好，土层浅薄或土壤深度 0.5m 以内有向斜板岩的坡地或水平板岩的地带不宜作为造林地，土壤深度 0.6m 以下有背斜板岩的坡地可以作为造林地。

3. 设计密度

果材兼用混交林实行计划密植，先密后稀，初始设计密度为每亩 74～107 株，初始株行距 2.5m×2.5m～3m×3m。间伐后的最终密度为每亩 19～27 株，间伐后的永久株行距为 5m×5m～6m×6m。

4. 种苗要求

选用 1 年生苗龄湖南山核桃、杉树、马尾松优良种源苗木。苗木要求健壮、根系发达，无检疫性病虫害。

5. 整地

(1)林地清理

林地清理时要全面砍除地上杂灌草，清除林地内的病虫害枯损木和伐桩，保留山顶的原生天然植被以保持水土。也可以采取全面炼山和归堆燃烧清理，但必须经林业主管部门批准，并严格执行"野外生产用火制度"，注意森林防火安全，在保证不引发山火的前提下方可进行烧炼。

（2）整地

湖南山核桃属高大乔木树种，树冠较大，因此造林前的整地要规范，栽植株行距须整齐。整地应在造林前的 3 个月进行，根据坡地和经济状况不同，采用人工和机械两种方法进行。整地的主要方式有以下几种：

全面整地。将造林地植被全部清除，全面开垦。全面整地适于立地条件好、坡度在10°以下、土壤深厚肥沃的区域实施（图 9-7）。全面整地土壤改良效果好，便于套种农作物，以耕代抚，但较容易造成水土流失。

图 9-7　全面整地

带状整地。带状整地是沿山坡等高线环山挖建一定宽度水平梯带（图 9-8），在水平带上栽植苗木，水平带之间不开垦，留生草带及保持低矮植被，起到保持水土的作用。

块状大穴整地。在坡度较大的地区，全面整地和带状整地比较困难，为防止水土流失和减少劳动量，宜用块状大穴整地。具体方法是根据造林地地形、地势，先按种植的株行距确定定植点，然后在定植点周围进行小块状开垦，面积在 120cm×12cm 的范围挖长和宽 1m 的地面，深挖 30～600cm 大穴，形成鱼鳞坑状，以有效地保持水土（图 9-9）。

6. 栽植

为保证造林成活成林，提倡营养袋育苗，冬季整地雨季造林。湖南山核桃苗木具有喜阴和生长迅速的特性，杉树或马尾松苗期生长相对较慢，因此湖南山核桃与针叶树种杉树或马尾松混交造林建议采用两步走的方法，先按针叶树种的比例提前 2 年栽植针叶树种苗木，预留湖南山核桃栽植的空间，待针叶树种幼树高度达到 1m 左右时再栽植湖南山核桃。这种造林方式的混交林树种生长相得益彰，林木生长整齐，成林后林分的质量好。

图 9-8　带状整地

图 9-9　块状大穴整地

(二)抚育管理

1. 土壤管理

(1)目标与任务

果材兼用混交林在幼林期和成年林期的土壤管理目标、任务及技术有较大差异。幼林土壤管理的重要目标是改良土壤，提高土壤养分供给能力，促进混交林幼树的同步营养生长。重点任务是熟化林地土壤，及时补充和提高土壤有效养分的含量，保证幼树健康迅速生长。成年林土壤管理的重要目标是促进林木稳定生长，在增加林木的贮材量的同时获得较多的湖南山核桃坚果产量，其土壤管理的重点任务是进一步提高和保持稳定的土壤养分含量，以便促进林木的稳定生长和湖南山核桃的正常结果。

（2）内容与技术

果材兼用混交林的幼林和成年林的土壤管理内容及技术的差异很大。

幼林管理。幼林地的土壤瘠薄，养分含量低，土壤的氮、磷养分缺乏，杂草灌丛较多，与林木的水分及养分竞争作用强烈，因此抚育除草和土壤施肥是果材兼用混交林幼林期的重要土壤管理内容和任务。为了避免林地杂草和其他灌木对混交林幼林的养分及水分竞争，在造林后 5 年内每年夏季和秋季各抚育除草 1 次，抚育时同时进行树盘扩穴松土，以促进湖南山核桃根系及混交针叶树种根系生长范围，松土扩穴时里浅外深，靠近主干处松土深度一般不超过 10cm，以免伤根；树冠滴水线以外松土深度达 15～20cm 最好，这能够诱根深入，促进林木根系的发育和增强抗旱能力。每年冬季进行一次林地全面深挖，深度在 25cm 左右，深挖时将杂草和灌丛枝叶翻埋入土中。幼林的施肥管理应结合土壤管理进行，同时要考虑到混交树种的营养需求特性。湖南山核桃、杉木及马尾松对氮、磷养分缺乏的敏感性强，保证氮、磷养分的供应能够明显促进其生长，此外杉树及松科针叶树种具有优先选择吸收铵态氮的特性，并且在低温条件下对氮有较强的吸收能力(Cobie et al.，1993；崔晓阳等，2010；魏红旭等，2010)。因此，在冬季林地土壤管理中，可在林地上撒施磷铵二元肥后深翻土壤，肥料一定要用土壤覆盖，避免氨氮的挥发损失。每亩林地的磷铵二元肥的使用量大约 150kg，也可根据林地土壤养分分析诊断结果酌情增减，在春季用氮、磷、钾施复合肥进行一次追肥，必要时追施一次氮肥，以促进幼树的营养生长。

成年林管理。成年林地面杂草及灌丛的生长因林地郁闭度的增大而受到抑制，因此抚育除草已经不是土壤管理的重要任务，一般情况下间隔 2～3 年抚育除草一次即可。清除的杂草及灌丛枝叶直接覆盖于林地地面。成年林地每年有大量的凋落物在地面腐解，林木庞大根系的分泌物也对土壤矿物和有机质产生养分溶释作用，林地养分的自然生态循环功能逐渐加强，但林地表层土壤与深层土壤的肥力差异仍然是较大的，因此应每隔 2～3 年进行一次结合冬季施肥的林地全面松土深翻，深度 25～30cm，以便提高深层土壤的肥力水平，满足林木生长和结果的养分正常需求。

2.树体管理

（1）目标与任务

果材兼用混交林树体管理的目标与任务是构建一个既有利于结果又有利于增大木材贮材量的树冠。对所有混交林的配置树种都要求形成挺直、粗壮和分枝少的树干，对湖南山核桃既要求形成一个有足够高度的主干，又要求树冠中上部有一定的结果空间。

（2）内容与技术

对混交幼林的整枝、树冠管理及在整个林地经营周期中的害虫防控是树体管理的重要内容。

幼树整枝。果材兼用混交林的幼树整枝要求与果用林有很大差异。对于湖南山核桃，主干的高度应保持在 2.5m 左右，在这一高度以上配备 6～7 个主枝，保留中央领导干，每个主枝的间隔距离保持在 0.8～1m。对于混交的杉树或马尾松，由于其干性强，要任其保留通直的树干。无论是湖南山核桃还是混交的针叶树种，都要通过修枝使其保留通直的树干，不能任其生长。幼树的整枝要逐年完成，不可急于求成，尤其是对 1～3 年生的幼树，对主干以外的分枝还要适当地保留，避免修剪过重导致树体养分的大量丢失，影响幼树的正常生长。通过 5～8 年的树体管理，逐渐培养出挺直和粗壮的主干。

成年树的树冠管理。进入成年期，湖南山核桃的树体管理主要是针对主干以上的树冠。由于大量结果，树冠外围枝变得水平或下垂，营养生长减弱，树冠会逐渐衰老，因此必要时可以回缩大的侧枝甚至主枝，保留大枝上的直立枝，清除衰老的下垂枝和病虫枝，维持树冠的完整和较强的营养生长，以保证树冠有可持续结果的有效空间和果实的养分供给。

成年期的湖南山核桃果材兼用混交林要加强害虫防控，松毛虫和刺蛾分别是马尾松和湖南山核桃的主要食叶性害虫，危害大，要及时进行生物防治和必要的化学防治。蛀干天牛是危害湖南山核桃的一类重要害虫，危害普遍，一旦发现要及时进行人工防治和有效的化学防治。化学防治可选择国家允许使用的绿色高效农药，可用有较强传导性和内吸作用的农药进行涂干防治。

(三)间伐与采伐

实施计划密植的湖南山核桃果材兼用混交林，到一定的经营期后进行间伐，果材兼用混交林实行计划密植，先密后稀，初始设计密度为每亩 74～107 株，初始株行距 2.5m×2.5m～3m×3m。间伐后的最终密度为每亩 19～27 株，间伐后的永久株行距为 5m×5m～6m×6m。间伐时期根据产果和积材的情况而定，一般果实产量开始降低后要及时间伐。间伐后及时清理林地的伐桩，加强林地土壤管理和施肥，对保留的湖南山核桃永久树树冠及时进行一次处理，重点是对中央领导干进行回缩，使树高保持在 4～4.5m，促进湖南山核桃永久树迅速提高果实产量。

经营期超过 30 年的混交林，湖南山核桃仍然能够持续高产稳产，可以根据实际情况确定林木采伐的时间。

二、果用林的经营管理技术

(一)栽 植 规 范

1. 林地选择

果用林的林地选择要求是：土层深厚都至少达到 80cm 以上，土壤肥力水平中等以上，土壤 pH 5.5～6.5，有机质含量大于 2.0%。

2. 设计密度

果用林设计密度为每亩 33 株或 27 株，株行距 4m×5m 或 5m×5m。

3. 种苗要求

选用 1～2 年生嫁接苗，砧木为本砧，苗木为湖南山核桃优良品种或优良株系。苗木生长健壮，根系发达，植株的高度不超过 1.5m，不低于 1m，苗木地径大于 1cm。苗木无检疫性病虫害。

4. 整地

在整地前要对林地的草灌丛、枯朽木和伐桩进行一次全面砍除、清理并集中烧毁，以减少病虫害来源，然后再进行全面整地或带状整地，最后按设计的株行距挖定植穴，穴宽、深不低于 80cm，定植穴回填时每穴施入过磷酸钙 2～3kg，然后回填一层杂草或草粪等有机质，最后回填表层肥土，做 20～25cm 高的土墩。定植穴的开挖及回填必须在栽植前 3 个月完成，以保证有足够的有机质腐烂和松土下陷时间。

5. 定植

（1）定植时期

在我国湖南山核桃产区定植时期在 1～2 月份。定植时期不宜过早或过晚，过早苗木尚未休眠，定植后成活率不高；过晚苗木开始生长，定植后不能成活。

（2）定植方法

定植时在定植穴土墩上挖坑，将苗木的根系在坑中舒展开，回填细土，然后从外向内踩实土壤，再覆土做好树盘后浇足定根水，在树盘上覆盖地膜保湿即可。定植时踩实土壤不能从内到外，这样会踩断侧根。定植好的苗木，嫁接口露出地面，不宜深埋，否则会影响正常生长。

（二）土壤管理与施肥

1. 土壤管理

（1）目标与任务

湖南山核桃果用林的土壤管理要将培肥土壤作为长期目标，其主要任务是通过构建林地土壤养分生态循环系统和土壤耕作与施肥管理措施，尽快提高土壤有机质含量和有效养分的含量。

（2）内容与技术

要将林地土壤改良与培肥作为土壤管理的重要内容，结合实施合理的土壤耕作制度改良土壤，采用林地豆科绿肥植物种植还土提高土壤肥力，降低施肥成本。

在土壤管理中，应实施绿肥种植下的土壤耕作制，摒弃落后的除草剂应用下的清耕制。清耕制除费工费时、成本高以外，长期实施后土壤肥力退化严重，若使用化学除草剂，会破坏土壤生态系统，影响果实的食品安全。绿肥的种类选用光叶紫花苕和饭豆等，光叶紫花苕于每年 9 月下旬至 10 月初播种，饭豆于 4 月份播种，前者每亩用种量 4～5kg，后者每亩用种量 3～4kg。光叶紫花苕于 4 月初翻耕入土，饭豆于 8～9 月份刈割深埋。通过 3～4 年的绿肥种植，林地土壤有机质和其他养分含量能够迅速提高到较高的水平，其土壤肥力能够完全满足幼树生长的需求。对于成年林地，在春、夏季因树冠荫蔽不能种植绿肥，但冬季林地的光照良好，要重视光叶紫花苕的种植利用。豆科绿肥种植后，林地的养分循环生态系统在土壤肥力提升中发挥着重要的促进作用，豆科绿肥的固氮作用能够吸收大气中的氮输入土壤，其根系吸收的土壤养分元素能够富集到耕作层内，通过翻耕深埋绿肥提高土壤有机质含量，增加土壤有益微生物或功能性微生物的数量，有机质分解后释放有效养分供湖南山核桃根系吸收，林地土壤生态环境不断改善，为促进湖南山核桃生长及结果创造良好的生态环境。

2. 土壤施肥

(1)幼林施肥

对氮、磷养分的需求大是湖南山核桃幼树的营养特点。定植后 1～3 年的幼树施肥特点是，少量多次，增加氮的用量，增大树冠叶面积指数，促进幼树的营养生长；保证适量的磷养分供应，促进根系的生长发育；补充足够的钾，维持树体氮、磷、钾的平衡。

根据对不同生长情况的幼林地土壤养分分析结果和施肥试验观察，推荐幼树土壤施肥的氮、磷、钾比例为 10：4：6。幼树 1 年施肥 3 次，施肥时期分别为 3 月中下旬、7 月中旬和 11 月下旬。前两次施肥结合林地绿肥收获翻埋配施少量的氮、磷、钾复合速效肥，施肥方法是在树冠滴水线外围挖宽 30cm、深 20cm 的施肥沟，将绿肥压入沟底踩实，再将肥料撒在绿肥表面覆土即可。11 月下旬施肥主要结合定植穴的扩穴进行，在树冠滴水线外深挖宽 40cm、深 50cm 的沟，将草粪或地面凋落物填入沟中踩实，施一定量的缓效磷肥覆土即可。

(2)成年林施肥

成年湖南山核桃由于大量结果，对养分的整体需求量大，对磷、钾养分需求高，土壤中氮供应不足会导致树体衰老加快，磷供给不足会导致雄花比例增加，雌花量减少，产量下降。土壤中磷、钾养分含量都低时，坚果的瘪籽率或空室率增大，坚果的品质降低。因此，成年树的施肥要在保证氮肥的供给前提下，高度重视磷、钾肥的施用。每年施肥的时期与幼树相同，氮、磷、钾比例为 8：3：6。具体施肥量可根据土壤养分分析诊断结果确定。与此同时，成年湖南山核桃果用林每隔 2～3 年进行 1 次叶分析营养诊断，根据诊断结果了解树体微量元素营养状况，及时采取相关措施调控树体的微量元素营养。

(三) 树 体 管 理

1. 幼树的树体管理

幼树管理的主要任务是整形。湖南山核桃果用林的幼树树形主要有以下两种，其整形方法各异。

(1)自然开心形

自然开心形无中央领导干，树的主干高度 1m 左右，有 3～4 个主枝，主枝的开张基角 45º，每个主枝上配置 3～4 个二级侧枝。树高一般 3～3.5m。幼树整形的过程和技术是：定植后立即定干，离地面 1m 左右高度对苗木截干。定干剪口以下 20cm 整形带内要求有 3～5 个饱满芽。苗木栽植后当年发芽时，抹除整形带以下的萌芽，整形带上的饱满芽任其生长。第 1 年休眠期修剪时，疏除中央直立枝，留 3～4 个侧枝作为主枝培养。在第 2 年生长期，主枝若开张角度小，适当进行揉枝使其角度增大，然后在冬季选留二级侧枝。对主枝上生长的直立徒长枝要及时疏剪。通过 3～4 年即可完成自然开心形的树形培养。

(2)疏散分层形

该树形的结构是，树冠主枝分两层，有一段中央领导干，主干高度 1m 左右，第 1 层主枝 3～4 个，在第 1 层主枝上延伸 1.2～1.5m 的中央领导干，在其上配置 2～3 个主枝。第 1 层主枝的开张基角 45º，第 2 层主枝的开张基角 50º～55º。疏散分层形树冠的整形过程与技术也很简单，定植后立即在离地面 1m 左右对苗木定干，定干剪口以下 20cm 整形带内也要求有 3～5 个饱满芽。苗木栽植后当年发芽时，抹除整形带以下的萌芽，整形带上的饱满芽任其生长。第 1 年休眠期修剪时，中央直立枝作为领导干保留，选留 3～4 个侧枝作为第 1 层主枝结论性培养，对中央直立枝距第 1 层主枝以上 1.2～1.5m 处进行断截，促发分枝。在第 2 年生长期调整第 1 层主枝若开张角度，冬季修剪时选留二级侧枝，同时选留第 2 层主枝。同样是通过 3～4 年的培养，疏散分层形的树冠结构基本形成。

2. 成年树的树体管理

成年树树体管理的主要任务是维持树体营养与生殖生长的平衡。在管理过程中，在夏季要加强对两层主枝基部和主干及中心干上的直立徒长梢疏剪。冬季修剪时，对树冠外围下垂衰老枝要及时进行回缩修剪，保持树冠外围枝梢正常的营养生长。对严重的病虫枝或枯枝要及时清除。冬季修剪后的枝要随时清除和烧毁，以减少病虫害的继续传播。

(四)幼树或旺长树的促花

幼树或旺长树花芽分化少，结果少，产量低，要及时采取措施促进其花芽分化。促进湖南山核桃花芽分化的技术较多，最简单有效的技术方法是环割促花，有关环割时间、环割部位和环割宽度在第 6 章已经有详细介绍，可参考实施。此外，还可以采取施用多效唑或增施磷肥等措施进行促花。多效唑的施用时期以 2 月份最好，施用的方法是将多效唑溶于水中灌根。多效唑有明显抑制营养生长的作用，施用量过少起不到促花的效果，施用量过多则严重抑制树体的正常生长，对树体生长及结果有不利影响。因此，应用多效唑促进湖南山核桃的花芽分化要进行试验后确定适宜的施用量，再在生产上使用。

（五）果实采收与处理

1. 采收时期

湖南山核桃果实通常是在9月中旬（白露）成熟。果实成熟的标志为总苞颜色由绿或黄绿色转变为黄褐色，总苞开裂，此时坚果已经成熟，可以进行采收。如过早采收，种仁不饱满，出仁率低，含油量少，而且不耐贮藏。

2. 采收方法

8月下旬至白露节前，将树冠下的林地清理干净，待果实从树上自然脱落时，即捡拾采收。

3. 果实处理

捡拾采收的果实，将其在晒场摊晾1～2d，待果苞自然裂开后取出坚果。取出的坚果要及时进行摊晒，至坚果颜色变白、充分失水干燥后即可贮藏。

4. 坚果贮藏

少量坚果可放在通风干燥的室内贮藏。要进行周年加工的大量坚果须在3～5℃干燥冷藏。在常温下贮藏时间过久，种仁中的脂肪酸会酸败，产生对人体有害的物质。在贮藏过程中要预防坚果吸湿霉变，因此要定时测定坚果的水分含量，若出现吸湿的情况，要对坚果进行翻晒干燥，以保证坚果的品质。

参 考 文 献

崔晓阳，郭亚芬，张韫，2010. 温带森林氮营养生境特征及红松的适应性[M]. 北京: 科学出版社.

魏红旭，徐程扬，马履一，等，2010. 长白落叶松幼苗对铵态氮和硝态氮吸收的动力学特征[J]. 植物营养与肥料学报，（2）: 407—412.

Cobie K W, Hidde B A,1993.The kinetics of NH_4^+ and NO_3^- uptake by Douglas fir from single N-solutions and from solutions containing both NH_4^+ and NO_3 [J].Plant and Soil, 151: 91—96.